通信百科入门丛书

卫星通信

主　编：毛志杰　刘中伟

编　者：周　林　丁海洋　辛可为

主　审：李　卫

国防科技大学出版社
·长沙·

图书在版编目（CIP）数据

卫星通信 / 毛志杰，刘中伟主编. -- 长沙：国防科技大学出版社，2025.3. --（通信百科入门丛书 / 何一，李卫总主编）. -- ISBN 978-7-5673-0673-8

Ⅰ. TN927

中国国家版本馆 CIP 数据核字第 2025ZG9774 号

通信百科入门丛书

卫星通信
WEIXING TONGXIN

毛志杰　刘中伟　主编

责任编辑：廖生慧
责任校对：吴梦姣
出版发行：国防科技大学出版社
地　　址：长沙市开福区德雅路 109 号
邮政编码：410073　　　　　　　**电　　话：**（0731）87028022
印　　制：国防科技大学印刷厂　**开　　本：**850×1168　1/32
印　　张：4.5　　　　　　　　　**字　　数：**79 千字
版　　次：2025 年 3 月第 1 版　**印　　次：**2025 年 3 月第 1 次
书　　号：ISBN 978-7-5673-0673-8
定　　价：30.00 元

版权所有　侵权必究
告读者：如发现本书有印装质量问题，请与出版社联系。
网址：https://www.nudt.edu.cn/press/

通信百科入门丛书

丛书主编

何 一 李 卫

分册主编

《微波接力与散射通信》 吴广恩

《电台通信》 郭 勇

《光纤通信》 潘 青 车雅良

《卫星通信》 毛志杰 刘中伟

《量子通信》 东 晨 吴田宜

《电信交换》 王 凯 田八林

前　言

卫星通信具有覆盖范围广、通信距离远、组网方式灵活、安全可靠等特点，能够有效解决沙漠、远海、深空、山区等地域的通信广播问题，在国际通信、广播电视、军事通信、应急通信、移动通信及互联网接入等领域有着广泛的应用。随着航天技术和物联网技术的快速发展，卫星通信技术与应用迅速发展，在未来将发挥越来越重要的作用。

本书共分为三部分。第一部分为原理篇，介绍了卫星通信基本原理，包括卫星通信概念、频段、轨道、链路计算等，阐述了卫星通信体制、星座设计、覆盖范围、星间通信等内容。第二部分为设备篇，介绍了卫星通信基础设备，简述卫星通信系统组成，对空间分系统、通信地球站，以及跟踪、遥测及指令分系统等内容进行详细论述；分析了当前主要卫星通信系统，包括美国卫星通信系统、俄罗斯卫星通信系统、中国卫星通信系统等；此外，还重点介绍了深空通信、卫星互联网等新型卫星通信系统。第三部分为测试题，针对原理、设备的相关知识，精心选取重点要点设计训练题目，便于读者自我测试与提升。本书可作为卫星通信初学者的科普参考书。本书由刘中伟、辛可为、周林、丁海洋编写，全书由毛志杰统稿。

在本书编写过程中，参考了很多国内外相关文献，在此对这些文献作者表示感谢。由于时间仓促，作者水平有限，技术发展日新月异，书中难免存在不足和疏漏之处，敬请读者批评指正。

编　者
2024 年 9 月

目录 CONTENTS

1 原理篇

1 卫星通信概述 …………………… (2)

2 卫星通信频段 …………………… (3)

3 卫星通信链路 …………………… (5)

4 大气效应影响 …………………… (7)

5 卫星通信体制 …………………… (10)

6 卫星通信网络 …………………… (14)

7 通信卫星轨道 …………………… (20)

8 卫星星座设计 …………………… (22)

9 通信卫星覆盖……………………（23）

10 星间通信 ……………………（25）

2 设备篇

1 卫星通信系统组成……………（30）

2 空间分系统……………………（32）

3 通信地球站……………………（44）

4 跟踪、遥测及指令分系统………（48）

5 美国卫星通信系统……………（49）

6 俄罗斯卫星通信系统…………（64）

7 欧盟及其他国家卫星通信系统

………………………………（67）

8 中国卫星通信系统……………（70）

9 深空通信 ……………………（93）

10 卫星互联网 ……………………（97）

11 量子卫星通信 …………………（112）

3 测试题

1 卫星通信概述……………………（116）

2 卫星通信频段……………………（116）

3 卫星通信链路……………………（117）

4 大气效应影响……………………（117）

5 卫星通信体制……………………（118）

6 卫星通信网络……………………（119）

7 通信卫星轨道……………………（119）

8 卫星星座设计……………………（120）

9 通信卫星覆盖……………………（120）

10 星间通信 ………………………（121）

11 卫星通信系统组成 ……………（121）

12 空间分系统 ……………………（122）

13 通信地球站 ……………………（122）

14 跟踪、遥测及指令分系统 ……（123）

15 美国卫星通信系统 ……………（123）

16 俄罗斯卫星通信系统 ………… (124)

17 欧盟及其他国家卫星通信系统

………………………………… (124)

18 中国卫星通信系统 …………… (125)

19 深空通信 ……………………… (126)

20 卫星互联网 …………………… (126)

21 量子卫星通信 ………………… (127)

参考答案 ……………………………… (128)

参考文献 ……………………………… (131)

原理篇

1

1 卫星通信概述

卫星通信是微波中继通信的一种特殊形式。由于电磁波是沿直线传播的,对于单跳的微波中继通信,提高通信距离的有效方法是增加中继站的架设高度。1945 年,英国物理学家 A. C. 克拉克提出利用地球同步轨道(GEO)上的人造卫星作为中继站进行地球上通信的设想,并在 20 世纪 60 年代成为现实。

卫星通信是利用人造地球卫星作为中继站转发或反射无线电信号,在地球站之间或地球站与航天器之间的通信。卫星通信是航天技术和现代通信技术相结合的重要成果,在军事、应急、广播电视、移动通信及互联网接入等领域有着广泛的应用。

常见的卫星通信业务包括:卫星固定业务、卫星移动业务、卫星广播业务和卫星星间业务。卫星固定业务是利用一颗或多颗卫星在处于给定位置的地球站之间开展的通信业务。卫星移动业务是在移动地球站和一颗或多颗卫星之间,或是利用一颗或多颗卫星在移动地球站之间开展的通信业务。卫星广播业务是利用卫星发送或转发信号,以供公众直接接收的通信业务。卫星星间业务是利用卫星在多个用户航天器之间开展的通信业务，主要用于转发地球站对用户航天器的跟踪、测控信号和中继用户航天器发回地面的信息。

与地面无线通信和光纤、电缆等有线通信手段相比，卫星通信的优点如下：覆盖范围广、通信距离远，通信成本与通信距离无关，GEO 卫星只需一颗卫星中继转发，就能实现 1 万多千米的远距离通信，用 3 颗 GEO 卫星就可以覆盖除两极纬度 76°以上地区以外的全球表面；组网方式灵活，支持复杂的网络构成，卫星通信不受地理条件的限制，无论是大城市还是边远山区、岛屿，随地可通信；安全可靠，对地面基础设施依赖程度低，在自然灾害如地震、台风发生时仍能提供稳定的通信。卫星通信也存在一定的局限性，例如：通信卫星在运行期间难以进行检修和维护，要求卫星具有高可靠性和长寿命，星上元器件必须采用抗强辐射的宇航级器件；通信距离远，传输时延大，难以支持对时延敏感的业务；高纬度地区难以实现卫星通信；等等。

2　卫星通信频段

通信卫星处于外层空间，地面发射的电磁波

必须能穿透电离层才能到达卫星,从卫星到地球站的电磁波传播也是如此,因此,卫星通信通常使用微波频段(300 MHz~300 GHz)。

国际电信联盟(ITU)先后分配给卫星通信使用的频段主要有:UHF频段、L频段、S频段、C频段、Ku频段、Ka频段、毫米波频段。对不同业务(如固定、移动、广播等),具体分配的频段是不同的,不同业务的卫星通信系统需要遵守ITU有关频率划分和分配的规定。通常情况下,工作频率越高,带宽资源越丰富,通信容量越大,但在电波传播过程中,大气中的氧和水分子的吸收,以及降雨时雨水的吸收引起的衰减和产生的噪声干扰也越严重。

卫星通信常用的频段是C频段(4~8 GHz)、Ku频段(12~18 GHz)、Ka频段(27~40 GHz)。C频段频率低,天线口径较大,其雨衰远小于Ku频段,适用于对通信质量有严格要求的业务,例如电视、广播等。Ku频段频率高,天线口径较小,便于安装,可有效降低接收成本,受地面干扰影响小,适用于动中通、静中通等移动应急通信业务。Ka频段的特点类似于Ku频段,可用频段带宽更大,但雨衰也更大,可为高速卫星通信、千兆比特级宽带数字传输、高清电视及个人卫星通信等新业务提供支持。

3 卫星通信链路

卫星通信链路基本组成包括上行链路和下行链路。上行链路是指信号从一个地球站发射机传输到卫星转发器,下行链路是指信号从卫星转发器传输到另一个地球站接收机。一条传输链路包括发端地球站、上行链路、卫星转发器、下行链路、收端地球站。

影响卫星通信性能的因素主要包括发射端的发射功率与天线增益、传输过程中的损耗、传输过程中所引入的噪声与干扰、接收系统的天线增益和噪声等。

链路功率预算方程是进行卫星设计和性能评估所依据的基本方程。卫星通信链路功率预算方程一般表示为:

$$P_r = P_t + G_t + G_r - L_p - L_a - L_{ta} - L_{ra} \text{ (dBw)}$$

式中,P_r表示地面站接收机的接收功率,P_t表示发射天线的发射功率,G_t表示发射机发射天线增益,G_r表示接收机接收天线增益,L_p表示自由空间路径损耗,L_a表示大气损耗,L_{ta}表示发射端馈线损耗,L_{ra}表示接收端馈线损耗。

链路计算的目的是根据设定的卫星和通信系统技术参数、传输体制及网络结构,基于卫星资源使用总体要求功带平衡的原则，对载波及系统所需的卫星转发器带宽、功率、地球站天线尺寸和功率等参数进行优化选择。

自由空间路径损耗是指信号由于电磁波在自由空间无方向性地辐射，经过一定距离的传播，接收功率会因为辐射而受到损耗。通常表示为：

$$R = 32.44 + 20\log R + 20\log F$$

式中，R 为无线信号自由空间传播的距离，单位为 km；F 为信号频率，单位为 MHz。

大气损耗是电磁波在大气层中传输时，受到电离层自由电子和离子的吸收，以及对流层中氧气、水蒸气、雨和雪等的吸收和散射，从而形成的损耗。

在各种气象条件中，影响较大的是降雨引起的链路质量衰减，因此在链路设计时必须留有一定的降雨余量，以保证降雨时仍能满足对链路质量的要求。一般情况下，链路余量大小根据频段设置，C 频段链路余量设计为 2.5～3.5 dB，Ku 频段在考虑雨衰后的链路余量设计为 0.5～1 dB。余量太小会造成通信系统工作不稳定，有时会出现中断；余量太大则会造成收端和发端配置过高，增加不必要的设备成本。

对卫星通信来说，完整的卫星通信链路设计是相当复杂的，可利用成熟的商业软件进行计算，包括卫星轨道计算，电磁波穿过地球大气层的衰减，转发器的工作状态，转发器利用率，降雨、降雪备余量，最终实现卫星通信系统年平均可用度指标要求。

4 大气效应影响

在地球站和卫星之间的信号传播必须经过地球大气层，大气对空间传播的信号损耗是卫星通信系统关注的重点因素。当大气效应的影响出现在通信链路中时，会导致传输信号的衰减和接收噪声的增加。对于模拟信号而言，会造成传输信号质量下降；对于数字信号而言，会使误码率增加。

对流层是大气的最底层，处于从地球表面向上延伸约 8~18 km 的区域，它的高度因纬度而不同，在低纬度地区平均高度为 17~18 km，在中纬度地区平均高度为 10~12 km，两极地区平均高度为 8~9 km，并且夏季高于冬季，通常云、雾、雨、雪等气候现象都发生在该层，这些云、雾、雨、雪等水汽凝结物对频率在 10 GHz 以上的电磁波有较强的散射和吸收作用，会造成传输信号的衰减。平流层处于从对流层顶端向上延伸约 50 km 高度的区域，平流层内的臭氧对电磁波有吸收作用。电离层处于离地球表面 60~1000 km 高度的高层大气区域，整个区域都处于部分电离或完全电离的状态，其中存在相当多的自由电子和离子，能使电磁波改变传播速度，发生折射、反射和散射，造成极化面的旋转，并被不同程度地吸收，特别是对频率在 10 GHz 以下的 C 波段影响较大。

4.1　大气吸收损耗

　　天气晴朗时，大气对电波传播将带来附加的吸收损耗。在 15~35 GHz 的频率范围，主要是水蒸气分子对电波的吸收引起附加的损耗，并在 22 GHz 处有峰值（在高仰角条件下不超过 1 dB）。在 35~80 GHz 的频率范围，主要是因氧分子的吸收作用产生附加的损耗，且在 60 GHz 处有较大的损耗峰（超过 100 dB）。由于在 22 GHz 和 60 GHz 处有损耗峰存在，这些频率不宜用于星地链路。总体上看，吸收损耗随频率的增大而加大，但在 30 GHz 处有一个最低的谷点，它的附近正是 Ka 频段的"无线电窗口"。

4.2　雨衰

　　降雨引起的电波传播损耗称为雨衰。雨衰是由于雨滴和雾对微波能量的吸收和散射产生的，并随着频率的增大而加大。雨衰对 Ku 频段及以上频段的影响不容忽视。对于更高的频段，雨滴对电波的散射产生的传播损耗更为严重。雨衰的大小与雨量和电波穿过雨区的有效传输距离有关。同时，对于特定的雨区，电波在传播路径上不同地点受到的雨衰影响是不同的。

4.3 大气折射

在大气层中，距离地球表面越高，空气密度越低，对电波的折射率也随之减小，这使得电磁波在大气层中的传播路径出现弯曲，因此，地球站无线波束中心对准的是在目标卫星实际位置上方的一个虚的卫星位置。此外，温度变化、云层和雾等不稳定因素导致了大气密度分布的不连续变化和起伏，使传播路径产生了随机的、时变的弯曲，引起接收信号的起伏。

4.4 电离层、对流层闪烁

电离层内电子密度的随机不均匀性会引起闪烁，其强度大致与频率的平方成反比。电离层闪烁会对 1 GHz 以下较低频段的电波产生明显的散射和折射，从而引起信号的衰落。

对流层降雨和闪烁特性主要对 10 GHz 以上较高频段的电波传播造成较大的影响。对流层闪烁强度与物理参数(温度、湿度、风速等)、位置和时节有关,闪烁将导致信号衰落,特别是在低仰角时,衰落可达 10 dB。

5 卫星通信体制

卫星通信体制是指卫星通信系统的工作方式,包括采用的信号传输方式、信号处理方式和信号交换方式等。卫星通信体制的先进性主要体现在节省射频信号带宽和功率,提高信息传输质量和可靠性。

5.1 信道编码

信号经过信道传输会引入干扰和噪声。卫星通信信号经长距离传输更加容易受大气衰减影响,引起接收端信号严重畸变,信噪比下降,造成接收端信息比特错误。信息比特错误的多少用误比特率表示,其代表了系统的信息传输可靠性。为了提高通信系统的可靠性,发送端在信息发送前主动添加一些冗余,在接收端发生错误时则可以利用冗余及时准确地发现错误并予以纠正,这就是信道编码的基本原理。

卫星通信系统是带宽受限和功率受限的系

统，其信道为无记忆高斯白噪声信道，需要采用高性能的信道编码技术来满足误比特率要求。目前卫星通信中常用的信道编码方式有卷积码、RS（Reed-Solomon）码、卷积+RS级联码、Turbo码、LDPC（低密度奇偶校验）码等，其中，Turbo码和LDPC码两种信道编码的性能接近香农理论界限，应用越来越多。通常，码长较短时，Turbo码的性能优于LDPC码；码长较长时，LDPC码比Turbo码更接近香农理论界限。

5.2 载波调制

调制是在发送端将传输的信号（模拟或数字）变换成适合信道传输的高频信号。解调是调制的逆过程，即在接收端将已调信号还原成原始信号。调制方式分为模拟调制和数字调制两种。目前，卫星通信系统中普遍应用数字调制，数字调制主要有幅移键控（ASK）、相移键控（PSK）和频移键控（FSK）三种基本方式。在卫星通信系统中所使用的调制方式通常是PSK、FSK和以此为基础的其他调制方式。从功率有效角度来看，常用的有四相相移键控（QPSK）、偏置四相相移键控（OQPSK）、$\pi/4$-DQPSK、最小频移键控（MSK）和高斯滤波的最小频移键控（GMSK）。从频谱有效角度来看，常用的有多进制相移键控（MPSK）和多进制正交振幅调制（MQAM）。此外，也使用格型编码调制（TCM）、多载波调制（MCM）等新型调制方式。

5.3 多址技术

多址技术是指在卫星覆盖区内的多个用户利用同一个传播信道在同一时间进行相互通信的传输方式。多址技术把频谱资源按照频带、时间、码型等参数分成相互正交或准正交的信道，并把这些信道以适当的方式分配给需要接入的用户，目标是最大化卫星的通信容量，有效使用带宽，维持灵活性。主要的多址方式有频分多址（FDMA）、时分多址（TDMA）、码分多址（CDMA）和空分多址（SDMA）。

FDMA 将卫星通信系统的总频段划分成若干个等间隔的信道分配给每个用户，用户在分配给自己的特定频率的信道上传输信号，信号可以是模拟的，也可以是数字的。

TDMA 把时间分割成周期性的帧，每一帧分割成若干时隙，然后给每个用户分配唯一的时隙，以便信号按顺序通过转发器。此传输方式势必引起信号的延迟，因此只适用于数字信号的传输。

CDMA 给每个用户分配一个独特的码序列，

卫星接收到的信号是用户信号与其独特的码序列进行正交编码后的扩频信号，地面接收端在接收到信号后需要通过相关的方法将用户信号分离出来。CDMA 也只适用于数字信号。

SDMA 应用智能天线技术，由天线给每个用户分配一个点波束，这样根据用户的空间位置就可以区分每个用户的信号。实际应用中，SDMA 不会独立使用，而是与其他多址方式如 FDMA、TDMA 或 CDMA 等结合使用，从而实现在有限的频率资源范围内更高效地传输信号。

5.4 信道分配

卫星通信是利用卫星来实现中继通信的，如何充分利用卫星转发器的功率和频带，是卫星通信的一个重要问题，这个问题涉及卫星信道的分配方式。

在宽带卫星通信系统中，完成信道分配的实体被称作带宽分配单元。宽带卫星通信系统中带宽的基本分配方式包括固定分配、按需分配、自由分配和随机分配等。

固定分配基于频率、时间或码字，分别对应 FDMA、TDMA 和 CDMA 三种多址接入方式。其优点是能够很好地保证服务质量，缺点是容易造成带宽的浪费。

按需分配指系统根据终端的带宽请求进行带宽分配。其优点是能够获得较高的带宽利用率，缺点是带宽请求与分配之间存在时延，算法的实时性不高。按需分配可分为基于速率按需分配和基于容量按需分配两种。基于速率按需分配主要针对连接业务，终端请求内容为传输速率，包括基于固定速率按需分配和基于可变速率按需分配。基于容量分配主要针对无连接业务，终端请求内容为需要传输的分组数目，包括基于相对容量分配和基于绝对容量分配。

自由分配是系统处理空闲带宽资源的一种方式。优点是更有效利用系统带宽资源，终端能够"提前"获得所需的带宽。自由分配的原则可以是公平轮询，也可以基于权重等。

随机分配是指系统不进行带宽分配，终端采用随机接入的方式。其优点在于接入时延短，但如果出现碰撞则接入时延会变大，而且会影响到信道吞吐量。随机分配适合终端数多，但都是少量零星业务的情况。

6 卫星通信网络

卫星通信网络是一个覆盖空间和地面的立体互联网络，通过星间链路把位于不同轨道的、具有不同功能的通信卫星节点互联起来,并利用星地链路把卫星节点同地面节点进行互联。

6.1 星载交换

多通道交换式转发器利用交换单元可以实现不同波束覆盖区之间的通信。一般分为微波矩阵交换、数字信道化器交换、星上 ATM 交换、IP 路由交换。

微波矩阵交换方式下,卫星通信网络通过微波开关矩阵提供的多条透明传输通道,可按需进行通信应用组织,也可通过其他卫星信道接受网管中心的管理和控制,实现各波束下地球站间的点到点信息传输。其优点是:各信道终端能够按照预先配置实现点对点通信;由于转发器通道属于透明传输,信号格式设计灵活。其缺点是交换方式不够灵活,不能支持组网应用,因此比较适合大容量骨干节点之间的点对点连接。

数字信道化器交换的原理是使用信道化技术将宽带信号中各自独立的子信道分离出来,然后对分离出来的各子信道进行操作,如路由交换等。通过数字信道化器交换,可将每个宽带信道划分为多个子信道(任意连续相邻子信道可合并使用),所有的子信道具有路由选择功能。通过数字信道化器,来自某覆盖区域的上行信号能够被灵活地交换并入卫星的任何其他覆盖区域，甚至整个覆盖范围，从而有效利用卫星带宽。数字信道化器的优点主要包括：透明卫星转发器具有良好的交换功能；系统信道的划分具有很大的灵活性，可以支持组播和广播业务，为网络控制提供极为有效、灵活的上行链路频谱监控能力；星上载荷结构简单，具有良好的扩展性能。

星上 ATM 交换通过处理单元对卫星上行链路中的业务信息进行解码、解调和复用，恢复成基带信号，进入 ATM 分组交换机，按照信元格式中提供的 VPI/VCI 标识数据分组后，将信息交换到相应的下行链路中，完成信元交换。星上 ATM 交换在实现灵活交换的同时，对下行链路信元进行统计复用，大大提高了下行链路的利用效率，为用户提供了可靠的服务质量保证，实现了更加灵活的资源分配调度、组播等功能，此外，还可以提供与地面 ATM 网的无缝连接。

IP 路由交换是一种三层（网络层）交换技术，采用了不定长分组交换技术。星上载荷配置路由转发设备，全面实现卫星的星上交换和路由选择。卫星网络的终端之间可实现单跳连接，同时综合点对点、星形网和网状网的功能来支持 IP 业务应用，实现业务在网络间的透明传输和网络的信息融合。

6.2 拓扑结构

在卫星组网应用中,星形拓扑、环形拓扑、网状拓扑是最常用到的基本卫星网络拓扑结构,复杂的星座也主要由这三种基本的网络拓扑连接构成,比如复合型的卫星网络拓扑。

星形拓扑通常由一颗卫星作为中心节点,其他的卫星通过中心节点卫星进行通信。作为星形拓扑中心节点的卫星多数是地球静止轨道卫星,也可以是其他轨道的卫星。星形拓扑的优点是结构简单,组网容易,便于控制和管理,适用于执行具体任务的应用型星座。星形拓扑的缺点是整个星座网络的可靠性较差,所有的卫星数据交换都必须通过中心节点卫星,中心节点卫星的负担较重,一旦中心节点卫星失效,整个网络就会崩溃,此外,对地覆盖率不足,星间通信线路的利用率不高。

环形拓扑在同一轨道面内的每颗卫星都与相邻的卫星相连,构成一个封闭环形的链路。从轨道设计上讲是很容易实现的,而且通信天线的指向相对固定,卫星通信系统的研制难度不高。在环形拓扑中,有两种信息流动方式:一种是单向的,即星座中的信息沿着一颗卫星传向下一颗卫星,不会反方向传输;另一种是双向的,即根据距离的远近来决定信息传输的方向。后一种的控制和网络管理相对复杂一些。环形拓扑的主要优点是：结构简单，路由选择、通信接口、网络管理相对简单；多个环形的星座通过地面信关站互联，可形成较大面积的地面覆盖。环形拓扑的星座多在中高轨道中，尽可能采用较少的卫星数量来获得较大的地球覆盖。其缺点是网络节点较多时，会导致系统的传输效率降低，网络的响应时间延长。

网状拓扑也称为分布式网络拓扑，其特点是具有高容错能力和高可靠性。由于每个节点都直接与网络中的其他节点相连接，因此到每个节点都有充足的冗余路径。在具有网络拓扑的星座中，每一颗卫星都至少与两颗以上的卫星构成连接，因此整个星座具有非常高的可靠性。这类星座的目的多是建立一个全球覆盖的主干通信网，如铱星系统采用网状拓扑结构，就是为了满足可靠性和覆盖率的要求。在网状拓扑星座中，每颗卫星都与固定的几颗卫星进行通信，由于卫星之间的相位相对固定，因此每颗卫星的主通信波束指向是固定的。网状拓扑的优点是：星间链路的冗余备份充足，系统高度可靠，可扩充性强；星间链路的传输带宽可以很高，数据的传输速度快、延迟小，可以实现全球覆盖。缺点是系统的建设成本高，对卫星的数量要求较多。

6.3 组网方式

卫星星座组网有两种不同的基本方法。一是基于地面的组网方式，网络的功能性主要由地面网络提供。二是基于空间的组网方式，网络的功能性主要由卫星网络提供。

在基于地面的组网方式中，每颗卫星都是一个中继器，用于接收从地面用户终端或当地信关站发送的数据流，并将数据流发送给地面。彼此分隔的终端通过附近的地面站进行联系，地面站作为地面网络基础构架中的网关，卫星则作为扩展地面网络无线连接的"最后一跳"。基于地面的组网方式的卫星星座网络将网络的功能性与在空间传输的数据段相分隔，可分别考虑对网络层的设计与对空间传输的数据段的设计。

在基于空间的组网方式中，每颗卫星都具有星载的处理能力，并都作为一个网络交换机或路由器，通过使用高频无线电波或星间链路与相邻的卫星进行通信。位于卫星覆盖范围的地面终端无须使用当地的网关及大量的地面网络就可以与通往地面网络的网关或者远端可见的用户通信。在基于空间的组网方式中，卫星须支持星载路由机制和星载交换机制，卫星之间可以直接进行网络互联和路由，减少了星地之间的通信量。

7 通信卫星轨道

轨道选择与卫星的使命任务相关,根据轨道高度的不同,通信卫星常用轨道可分为三种:地球静止轨道(GEO)、低地球轨道(LEO)和中地球轨道(MEO)。三种轨道卫星的覆盖范围和距离如图 1 所示。

GEO 卫星的轨道位于地球赤道平面,距地面高度为 35 786 km,运行周期为 24 h,与地球自转速度相同。GEO 卫星就像在天空静止一样,非常适用于通信任务。GEO 卫星的轨道覆盖面积大,一颗 GEO 通信卫星大约能覆盖地球表面 40% 的面积,赤道上等间隔的 3 颗 GEO 通信卫星可以实现除南北两极之外的全球通信。各国主要的军用、民用或商用通信系统都选用 GEO 作为运行轨道,如美国的军用宽带通信系统、窄带通信系统、防护系统、直播卫星、数据中继卫星系统、海事卫星系统、亚太卫星移动通信系统、中星系列通信卫星等。

LEO 卫星的轨道距地面高度在 500~2 000 km,运行周期在 100 min 左右,卫星可视时间约为 15 min,轨道形式可以是极地轨道或倾斜轨道。选用 LEO 作为通信卫星运行轨道,可减少通信链路的损耗，减小通信时延，简化卫星和用户终端的设计。但由于轨道高度较低，单颗卫星可覆盖的区域有限，组网卫星往往多达数十颗，如铱星系统选取的轨道高度约 780 km，轨道倾角为 86.4°，共采用 66 颗卫星进行组网。

MEO 卫星的轨道距地面高度在 2 000～20 000 km，运行周期为 12 h，卫星可视时间约 2 h。MEO 卫星兼顾 LEO 和 GEO 卫星的优势，能够为用户提供体积、重量、功率较小的移动终端设备，用较少数目的 MEO 卫星即可构成全球覆盖的移动通信系统。典型的 MEO 卫星星座包括美国的 O3b 通信卫星系统，美国的 GPS、中国的北斗以及俄罗斯的 GLONASS 导航卫星系统。

GEO 卫星适合提供全球覆盖的广播/多播业务，同时也非常适合提供区域性的移动业务和固定业务。MEO 卫星和 LEO 卫星对地球上的用户来讲是非静止的，需要多颗卫星交替为地球上某一指定区域提供覆盖。与 GEO 卫星相比，MEO 和 LEO 卫星一般发射重量较小、外形尺寸相对较小，可实现一箭多星发射，从而降低星座构建成本，缩短星座组网周期。

在卫星移动通信中，LEO 卫星起着越来越重要的作用。与地面通信系统相比，LEO 卫星的覆盖面积更广，更适合在沙漠、森林、高原等无人区进行全球通信；与 MEO 卫星通信系统相比，LEO 卫星具有路径衰耗小、传输时延短、研制周期短、发射成本低等优点。

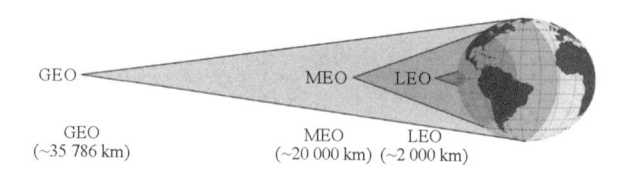

图 1 GEO、MEO 和 LEO 卫星的覆盖范围和距离比较

8 卫星星座设计

一个卫星通信系统通常由若干颗通信卫星组成，构成通信卫星星座。星座可包含 GEO 通信卫星、MEO 通信卫星和 LEO 通信卫星，通过星座配置优化，确定星座的轨道几何结构，达到通信系统的高覆盖率、高可用度和降低系统成本等工程目标。星座设计取决于业务所要求的覆盖区域和几何链路的可用性，其也决定了整个卫星通信系统的性能和费用。卫星星座设计考虑的因素包括覆盖范围、业务量、发射成本、载荷复杂性等，是一个反复权衡的过程。

星座设计过程中，轨道面的设计是重要内容。为了简化星座的设计，开始设计时可以假设全部卫星轨道为圆轨道，且具有相同的倾角和高度。通常，对称星座要求每个轨道面中的卫星数量相同，如当卫星总数为16颗时，对称星座可以设计的轨道面数量包括1、2、4、8和16。由于卫星进行不同轨道面间的转移所需燃料较多，在满足覆盖、业务要求的情况下，轨道面数少更有利。

具有一定规模的卫星星座，往往是经多次发射建设完成的。根据业务扩展的要求需扩大星座规模，一般会要调整轨道面内卫星的相位，使得该轨道面内新增卫星后，卫星依然保持均匀分布。同一轨道面的卫星数多，可采用一箭多星的方式降低发射成本。星座的性能对于卫星数目而言，不是渐增式的，而是台阶式的，即只有在星座的每个轨道平面内的卫星数达到相同的数目时，星座性能才能上一个台阶。如一个星座共有8个轨道面，当发射入轨第一颗卫星后，星座便获得了一定的性能，但除非每个轨道面都拥有一颗卫星，否则系统不能提升到下一个性能台阶。

9　通信卫星覆盖

卫星通信系统中，星上天线波束形状及波束中心指向是决定卫星覆盖范围的重要因素。常见的天线波束类型有四种：全球波束、半球波束、区域波束和点波束。

GEO 卫星对地球边缘的张角为 17.34°，张角为 17.34° 的波束称为全球波束（或覆盖波束）。全球波束天线常用喇叭抛物面天线或圆锥喇叭天线。半球波束天线的波束宽度在东西方向上约为全球波束的一半，一般覆盖一个洲。区域波束又称赋形波束，通过控制馈源的排列来获得各种不同的形状。区域波束宽度小于半球波束，只覆盖地面上一个大的通信区域，如一个国家或地区。点波束的波束截面为圆形，照射范围很小，在地球上的覆盖区也近似圆形。点波束常用对称反射面天线来产生。

例如，"中星十六号"卫星于 2017 年由"长征三号"乙运载火箭发射，定点于东经 110.5° 同步卫星轨道，提供 26 个用户波束，覆盖中国及近海区域，可应用于远程教育、医疗、互联网接入、机载和船舶通信、应急通信等领域。"中星6C"卫星于 2019 年由"长征三号"乙运载火箭在中国西昌卫星发射中心发射成功，可提供广播电视节目的传输服务。"中星6C"卫星是一颗新增广电专用传输卫星，星上设计 25 个 C 频段转发器，覆盖中国及周边、澳大利亚、新西兰等南太平洋地区，为广电用户 4K/8K 等超高清业务发展提供充足的优质卫星资源保障。

10　星间通信

星间通信是指卫星之间的通信，包括同一轨道面内卫星之间的通信和不同轨道面卫星之间的通信，如图 2 所示。与通过星地间两跳、三跳方式的中继通信相比，星间通信能够缩短通信距离，减少时间延迟，提高通信质量，提高系统的抗毁性和机动性，具有抗干扰和防截听等优点。星间通信的收发双方都是高速运动着的卫星，星

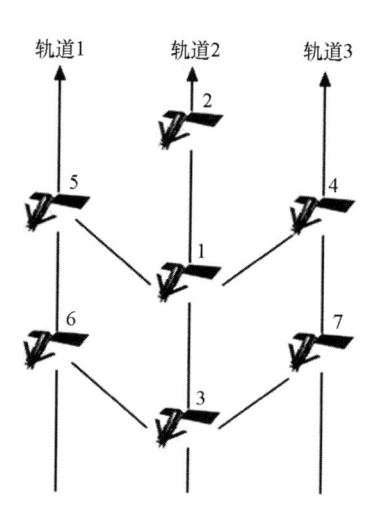

图 2　星间通信链路示意图

间通信过程中，需要不断地重复寻找卫星、建立链路、维持链路和拆除链路的过程，这要靠天线指向控制和特殊的通信协议来实现。

对于非静止轨道星座系统，相同轨道高度卫星间的星间链路分为两类：轨内星间链路和轨间星间链路。轨内星间链路是指相互通信的卫星在同一轨道平面内，轨间星间链路是指相互通信的卫星在不同轨道平面。同一轨道面内的 2 颗卫星基本保持不变的相对位置，轨内星间链路的星间距离、方位角和仰角变化很小，因此，其链路的建立相对容易。不同轨道面内 2 颗卫星存在着相对运动，轨间星间链路的方位角、仰角和星间距离一般随时间而变化，链路的建立相对困难。

通常采用仰角、方位角和星间距离三个参数来描述星间链路的特性，评价星间链路建立难易程度。仰角和方位角的变化要求星载天线具有跟踪能力，对卫星的稳定性和姿态调整技术要求较高。星间距离的变化要求天线的发射功率具有自动控制能力，对卫星的有效载荷要求较高。

卫星上的星间通信载荷主要包括四个子系统：接收机、发射机、捕获和跟踪子系统、天线子系统。接收机负责接收信号的放大、变频、检测、解调和译码等工作，同时提供星间通信链路与卫星下行链路之间的接口；发射机负责从卫星的上行链路中选择需要在星间链路上传输的信

原理篇

号，然后进行放大变频、编码和译码等工作；捕获和跟踪子系统负责使星间链路两端的天线能互相对准对方（捕获），并使天线指向误差控制在一定范围之内（跟踪）；天线子系统负责在星间链路上收发电磁波信号，实现电磁波信号与电信号之间的转换。

以铱星星座为例，每颗卫星有 4 条 LEO – LEO 星间通信链路，其中 2 条是与同轨道面的相邻卫星建立的相对固定的星间通信链路，另外 2 条是与邻近异轨道面的 2 颗卫星建立的可动波束星间通信链路。星间通信链路使得 LEO 卫星移动通信系统能够更少地依赖地面网络，能够更灵活方便地进行路由选择和网络管理；同时也减少了地面信关站的数目，降低了地面段的复杂度和成本。

设备篇

2

1 卫星通信系统组成

卫星通信系统通常由空间分系统，通信地球站分系统，跟踪、遥测及指令分系统和监控管理分系统四部分组成，包括通信和保障通信的全部设备。如图 3 所示。

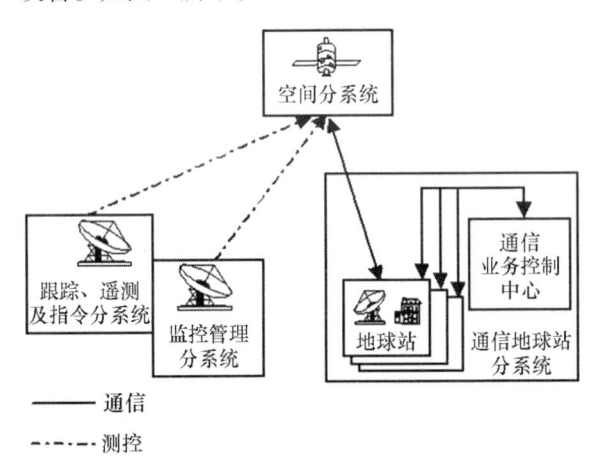

图 3 卫星通信系统组成

空间分系统是指通信卫星，主要由通信分系统、天线分系统、卫星平台分系统等组成。通信卫星的主要作用是无线电中继，这是靠星上通信装置中的转发器和天线来实现的。一个卫星的通信装置可以包括一个或多个转发器，每个转发器能同时接收和转发多个地球站的信号。当转发器所能提供的功率和频带宽度一定时，转发器越多，系统容量就越大。

通信地球站分系统是微波无线电收发信站，用户通过它接入卫星线路进行通信。地球站一般包括天线馈线设备、发射设备、接收设备和信道终端设备。

跟踪、遥测及指令分系统用于从起飞阶段开始，到卫星空间使用寿命结束的周期内监测和控制卫星。卫星正常运行前，负责对卫星进行准确可靠的跟踪和测量，控制卫星准确进入定点位置。卫星正常运行期间，负责对卫星进行轨道位置修正、位置保持和姿态保持等控制。

监控管理分系统负责对通信卫星和地球站在业务开通前进行各项通信参数的测定，以及在业务开通后对通信卫星和地球站的各项通信参数进行监控和管理，以保证正常通信。通信参数包括卫星转发器功率、卫星天线增益，以及各地球站发射的功率、射频频率和带宽等。

2 空间分系统

通信卫星的有效载荷包括天线和通信转发器。天线用于定向发射与接收无线电信号。通信转发器是安装在卫星上的收发设备，功能是以最小的附加噪声和失真以及尽可能高的放大量来转发无线电信号。一个卫星通常由多个转发器构成，每个转发器覆盖一定的频段，用于接收和转发地球站发来的无线电信号，实现地球站之间或地球站与卫星之间的通信。

有效载荷是卫星最重要的子系统，执行其预期功能。卫星承载的有效载荷取决于任务要求。对于通信卫星，基本有效载荷是作为接收器/放大器/发射器的转发器。转发器可以被认为是一种微波中继信道，其执行从上行链路频率到相对较低的下行链路频率的频率转换功能。转发器是各单元的组合，包括具备发射和接收功能的灵敏高增益天线、中继器子系统、滤波器、变频器、低噪声放大器、混频器和功率放大器等。

2.1 通信分系统

转发器是通信卫星的核心，一个转发器就是

一套宽带收发信机,转发器是构成通信卫星收发信机和天线之间互相连接部件的集合。转发器将卫星接收天线送来的各路微弱信号经过放大、变频等多种处理后,再送至相应的发射天线。

转发器通常按工作频段、用途,以及信号处理方式等进行分类。按工作频段分类,可分为 UHF、L、S、C、X、Ku、Ka 和 EHF 等频段的转发器,卫星通常需要同时装有多种频段的转发器,不同频段转发器可以相互交联。按用途分类,转发器可分为通信转发器、广播转发器和中继转发器。通信转发器可实现地面点对点或点对多点的通信要求,广播转发器设置一定数目的通道以满足地面用户对电视广播的需求,中继转发器主要完成地面终端与用户航天器之间的双向信号中继传输。按信号处理方式分类,可分为透明转发器和处理转发器。

1. 透明转发器

透明转发器也叫非再生转发器或弯管转发器,它收到地球站发来的信号后,除进行低噪声放大、变频、功率放大外,不做任何其他的处理,只是完成转发任务。透明转发器对工作频带内的任何信号都是"透明"的通路。

透明转发器是应用最早和最广的转发器,它首先利用宽带接收机对来自天线分系统的上行信号进行低噪声放大,并将其频率转换为下行工作频率,变频方式可以是一次变频或者多次变频,再经高功率放大后由天线分系统发向各地球站。

由于星上高功放的非线性,透明转发器需要对高功放的入口端进行严格的功率控制。根据非线性方式的不同,透明转发器有硬限幅转发器、软限幅转发器和智能的自动增益控制转发器等。

2. 处理转发器

处理转发器在透明转发器的基础上增加了数字信号处理的功能,通常对透明通道接收的信号进行解调、译码,恢复为基带信号,进行电路或者分组交换后,再经编码和调制,通过透明通道发送出去。利用星上处理,可将上下行信道的噪声分离,提高信号传输质量;利用星上交换,可提供灵活的路由选择功能。

数字卫星通信系统常采用处理转发器,其具有信号转发和信号处理双重功能。处理转发器在星上对上行信号进行频域或时域的处理,识别信号,并按照下行要求的格式进行转发。组成原理如图4所示。卫星接收天线接收到的信号,进入宽带接收机,经过低噪声放大器和下变频器后变成中频信号,通过星上信号处理器实现对中频信号的解调和数据处理,得到基带数字信号,在信号处理单元完成相应的处理,再调制为下行的中频信号，通过上变频和功率放大，由卫星发射天线发回地面。

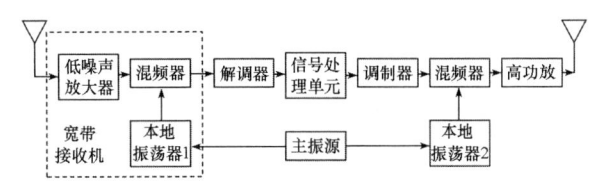

图 4　处理转发器原理图

星上处理转发器可以在星上信号处理单元对信号进行各种处理，以满足不同应用的需要。根据星上处理信号的形式和实现的功能，可以分为信号再生式转发器和空间交换式转发器。

（1）信号再生式转发器

信号再生式转发器首先通过接收机将接收的射频信号变换为中频信号，然后对中频信号进行解调，得到基带信号；其次完成信号再生、编码识别、重新排列帧结构等处理后，再把基带信号重新调制到一个中频载波上，并通过上变频将此信号变换为射频信号；最后通过下行天线发回地面。如图 5 所示。

图 5　信号再生式转发器原理图

与透明式转发器相比，信号再生式转发器增加了解调和再调制设备，根据应用环境，还可以添加译码、再编码、解扩设备等。

（2）空间交换式转发器

信号处理单元具有空间交换机的作用，可以根据地面指令把转发器的上行链路信号交换到适当的下行链路，也可以使用预先编制的交换程序提供交换功能。空间交换式转发器的上行链路和下行链路可以分别选用不同的通信技术，从而优化卫星通信系统的传输性能。

对于多波束卫星通信系统来说，采用星上处理和星上交换不仅便于波束间的交换，而且还可以缩小延时。另外，星上处理和星上交换也是建立星际链路的基础。对于星座由多颗卫星组成，每颗卫星又有多个波束的卫星移动通信系统来说，如果利用星上处理和星上交换把所有卫星通过星际链路连接在一起，就能使卫星通信系统不依赖于地面关口站而存在，星座中的每一颗卫星都像是一个移动的交换节点，整个卫星星座构成了一个拓扑结构动态变化的空中电信网。

2.2 天线分系统

天线分系统对特定服务区的空间电磁波进行接收和发射，完成空间电磁波与导行电磁波间的转换。通信卫星天线分系统的主要功能是接收地面站或空间用户航天器发射的信号，经由转发器分系统对信号进行变频、放大、处理及交换，再送回天线分系统，由天线分系统将信号发射至地面站或用户航天器。

卫星天线在考虑卫星任务要求的电气性能的同时，要特别注意发射环境、空间环境、质量的减轻和体积的限制等问题，这些问题密切影响着电气的设计。首先，卫星天线是安装于卫星本体用于完成卫星任务要求的，它的波束横截面轮廓具有与覆盖区边缘轮廓相同的形状。有时为了在有限的可利用频谱内大大增加通信容量，在整个覆盖区内要有极化鉴别率极高的双极化特性，以实现频率复用。其次，安装在卫星上的天线必须由运载工具发射，不仅要求质量轻，还要满足力学环境条件，且由于它局限于有限容积的整流罩之内，因此，天线收拢后的最大包络不能超过火箭整流罩的最大内包络。最后，当卫星到达空间之后，卫星天线还要经受得起空间恶劣环境的考验，如能在很大的温度梯度、很高的真空度以及太阳射线等环境条件下正常工作。

1. 天线分类

通信卫星天线形式与类型多样，一般有多种分类方法。按工作频段可分为 UHF、L、S、C、

Ku、Ka 等频段天线；按工作模式可分为发射天线、接收天线、收发共用天线；按极化特性可分为线极化天线、圆极化天线等；按波束形状可分为全向天线、半球波束天线、点波束天线、赋型波束天线；按波束的使用情况可分为固定波束天线、可动波束天线；按天线辐射方式可分为孔径天线、阵列天线、元天线、行波天线，其中，孔径天线又可分为喇叭天线、反射面天线、透镜天线等。固定反射面天线是在通信卫星中应用最广泛的天线形式。

2. 天线特性

天线由天线反射面及支撑结构、馈源及支撑结构、锁紧/释放装置、天线展开机构、天线展开控制器、指向调整机构和指向调整机构控制器等部分组成。最常见的面天线由尺寸远大于波长的金属或介质面构成，常用的是抛物面天线，如图 6 所示，主要用于微波和毫米波波段。

天线必须按要求能够定向、有效地辐射或接收电磁能。天线的方向性是天线工作时的一个重要特征。不同的系统要求天线具有不同的方向性，常用方向图、波瓣宽度、天线增益等参量描述天线的方向性。

（1）天线方向图和波瓣宽度

为了表示天线辐射场在空间的分布，可定义

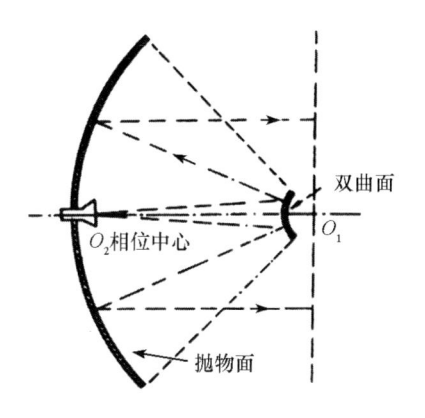

图 6 抛物面天线示意图

天线的方向性因子 $f(\theta, \varphi)$，它是取等距离条件下，不同辐射方位的场强值 $E(\theta, \varphi)$ 与最大方位场强 E_{max} 之比，即

$$f(\theta, \varphi) = \frac{E(\theta, \varphi)}{E_{max}}$$

将方向性因子在坐标系中描绘出来，就是方向图。这种方向图是三维空间的立体图，任何通过原点的平面，与立体图相交的轮廓线称为天线在该平面的方向图。

工程上一般采用两个相互正交的主平面上的方向图来表示天线的方向性，这两个主平面常选 E 面和 H 面。E 面是通过天线最大辐射方向并平行于电场矢量的平面；H 面是通过天线最大辐射方向并垂直于 E 面的面。平面上的方向图，也称为波瓣图，如图7所示。其中含最大辐射方向的波瓣称为主瓣，其他依次称为旁瓣（边瓣）、后瓣（尾瓣）等。

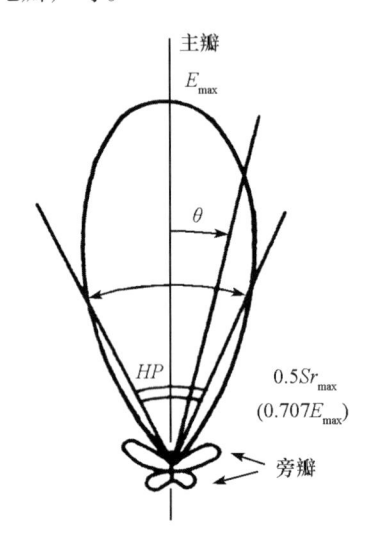

图7 天线平面波瓣图

天线的方向性越好，辐射能量越集中，方向图上愈尖锐，波瓣宽度愈小，使到达接收点的场强或功率密度提高，相当于增加了发射功率。

（2）天线增益

方向图直观地反映了天线辐射场的空间分布。为了便于比较，假设有一个理想点源，它是一个非定向的天线，即 $f(\theta,\varphi)=1$，并设天线效率为1，则离开辐射源距离 r 处的功率

S_r 为：

$$S_r = \frac{P_A}{4\pi r^2}$$

实际上所有的天线均有方向性，为便于估计，引入天线方向性系数 D 这个概念，它定义为：在保持辐射功率 P_A 不变的条件下，某天线最大辐射方向和理想点源在同一位置点的功率密度之比。即

$$D = \frac{\text{某天线最大辐射功率密度}}{\text{理想点源的辐射功率密度}}$$

天线辐射功率不易于测定，而测量天线的输入功率是比较方便的。所以在工程中常用天线增益 G 这个物理量，它定义为：在保持天线的输入功率 P_{Ain} 不变的情况下，取某天线最大辐射方向和理想点源在同一位置点的功率密度之比。

$$G = \frac{\text{某天线最大辐射功率密度}}{\text{理想点源的辐射功率密度}}$$

天线效率表示了天线在能量转换上的效能，而天线增益表示了天线总的"收益"程度。

（3）天线的输入阻抗

天线一般与馈线相连，为了减少转换时的反射损耗，天线的输入阻抗应与馈线匹配。天线输入阻抗 Z_{in} 指的是天线输入端所呈现的阻抗，是天线馈电点的电压和电流之比，即

$$Z_{in} = \frac{U_{in}}{I_{in}}$$

一般情况下，天线的输入阻抗是一个复数，其电阻部分由辐射电阻和热电阻决定，而电抗部分取决于天线的相对长度。

(4) 天线的极化特性

天线最大辐射方向的电磁波是线极化或圆极化，相应的天线称为线极化天线或圆极化天线。

在有地面存在的情况下，线极化又可分为垂直极化和水平极化。在最大辐射方向，电磁波的电场垂直地面时称为垂直极化，与地面平行时称为水平极化。相应的天线称为垂直极化天线或水平极化天线。如垂直放置的元天线，就是一个垂直极化天线。

圆极化天线有左旋圆极化与右旋圆极化之分，天线最大辐射方向的电磁波与传播方向的关系可按照右手螺旋法则或左手螺旋法则来确定。发射天线是左（右）旋圆极化天线，接收天线也应采用左（右）旋圆极化天线。如果接收天线和发射天线的极化不匹配，将影响接收效果。

2.3 卫星平台分系统

通信卫星平台是为保证有效载荷正常工作而为其服务的所有保障系统，一般包含姿态与轨道控制分系统、结构与机构分系统、热控分系统、电源分系统、测控与数管分系统等。姿态与轨道控制分系统的功能是保持或改变航天器运行中的姿态和轨道。结构与机构分系统包括结构分系统和机构分系统,结构分系统的功能是为卫星提供整体构形,为卫星上的设备提供支撑,承受和传递载荷,保证整个卫星具有足够的强度和刚度;机构分系统则使卫星或其某个部分完成规定运动,并使它们处于要求的工作状态或工作位置。热控分系统的任务是在卫星飞行过程中,控制卫星上仪器设备和星体本身结构的温度,保证其在轨运行各阶段的工作温度都处在要求的范围内,从而保证卫星在轨正常工作。电源分系统是为卫星在轨道工作寿命周期内提供电能。测控与数管分系统的功能是在其他分系统及地面配合下实现对卫星遥测、遥控、轨道跟踪与测量、数据管理的功能。遥测的任务是测量卫星有关系统的仪器设备的工作状态、工程参数、环境参数和其他有关数据。遥控就是由地面发送指令控制有关系统的仪器设备的工作状态和向卫星注入数据或程序等。轨道跟踪与测量是通过地面发射无线电波经星上的应答机返回,根据无线电波传输特性测量卫星运动速度、距离和角度,最后由地面计算出卫星轨道参数。数据管理是利用星上计算机对星上数据进行综合管理。

3 通信地球站

通信地球站是指在地球表面的通信站，功能是以高效可靠的方式从卫星通信网络中接收信息或发送信息到卫星通信网络，同时保持符合要求的信号质量。根据业务要求的不同，地球站可同时具备发送和接收能力，也可只具有发送或只具有接收能力。

根据地球站是否可以移动，通信地球站分为固定地球站、移动地球站以及可搬动地球站。固定地球站是站址固定的卫星通信地球站。移动地球站是指安装在车、船、飞机上，在移动中通过卫星通信的地球站。可搬动地球站是可以方便地用车、船、飞机搬运到目的地，然后迅速设置、调整启动卫星通信的地球站。

通信地球站选址应远离市区，避免高大障碍物遮挡和电波干扰。天线主波束的方向必须避开居民点，以防天线产生的高频电波影响人体健康。此外，站址地基条件要好。

根据天线口径尺寸和设备规模，地球站可分为大型站、中型站、小型站和微型站。大型站天线的口径一般为 11~30 m，天线具有 G/T 值高、通信容量大、价格高昂等特点。中型站天线的口径一般为 5~10 m，天线的 G/T 值较大型站低，相应的体积重量及成本均没有大型站高。小型站天线的口径一般为 3.5~5.5 m，天线具有 G/T 值小、容量较小、价格低廉等特点。微型站天线的口径一般为 1~3 m，天线的 G/T 值较小，具有系统容量小、轻便灵活、便宜等特点。天线的口径越大，发射和接收能力越强，地球站也就越大，功能也越多。

根据业务性质，地球站可分为遥测/遥控跟踪地球站、通信参数测量地球站和通信业务地球站。遥测/遥控跟踪地球站用于遥测通信卫星的工作参数，控制卫星的位置和姿态。通信参数测量地球站用于监视转发器及地球站通信系统的工作参数。通信业务地球站用于电话、电报、数据、电视及传真等通信业务。

通信地球站是无线电微波收发信设备，用于用户与用户间经卫星转发的无线电通信，即用户通过地球站接入卫星线路进行通信。地球站一般由天线、馈线设备，发射设备，接收设备，跟踪伺服设备，信道终端，接口设备，站内监控设备和电源设备组成。图 8 所示是其功能框图。

天线系统由天线、馈电、驱动、跟踪等设备组成，用于完成对卫星的高精度跟踪、高效率发射以及低损耗地接收无线电信号，具备高增益、低噪声、始终对准卫星的基本特点。发射放大系

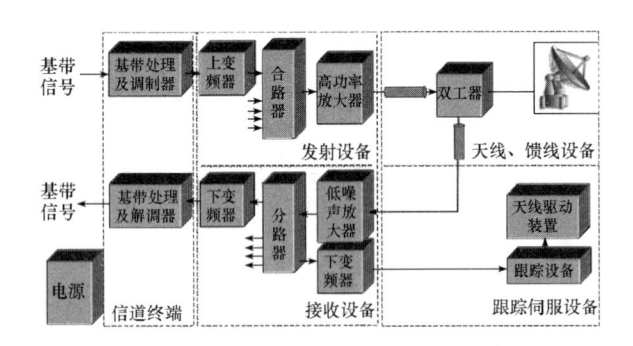

图8　卫星通信地球站组成图

统主要由高功率放大器提供大功率发射信号。接收放大系统主要由低噪声放大器对接收的微弱信号提供放大功效。地面通信系统包括调制器、上变频器、下变频器和解调器。终端分系统用于与地面通信网的连接。通信控制分系统用于监视各个分系统的工作状态，切换主/备用设备，提供标准时钟及勤务通信。

地球站天线通常采用的是反射面天线，电波经过一次或多次反射后向空间辐射出去。常用的反射面天线有抛物面天线、偏馈天线、卡塞格伦天线等。随着技术的发展，新型天线不断出现，如多波束天线、平板天线、微带天线、有源天线等。

抛物面天线由抛物面反射器和馈源组成，馈源位于反射面的焦点处。馈源发射的电磁波经天线反射面反射后,形成方向性很强的平面波束向卫星辐射。当抛物面天线作为接收天线时,其功能和发射信号相反。空间辐射信号经天线反射面反射后,聚集到馈源,实现信号增强的效果。抛物面天线的优点是结构简单、方向性强、工作频带宽等。抛物面天线的缺点是噪声温度较高、馈源和低噪声放大器等器件遮挡信号、馈线较长不便于安装等。

偏馈天线是相对于正馈天线而言的。正馈天线的馈源在旋转抛物面的焦点处,当旋转抛物面的旋转轴指向卫星时,馈源会遮挡一部分信号的接收,产生馈源阴影,造成天线增益下降。而偏馈天线的馈源也放置在旋转抛物面的焦点处,这时,馈源的安装位置不在与天线中心切面垂直且过天线中心的直线上,因此也就没有受到馈源阴影的影响,从而提高天线效率。偏馈天线的特点是效率较高、旁瓣较低,但交叉极化较差,多用于小口径天线。

卡塞格伦天线是一种双反射面天线,一般由主反射面、副反射面和馈源三部分组成。通常主反射面为旋转抛物面,副反射面为双曲面,其虚焦点与抛物面焦点重合,馈源位于实焦点上,在主反射面顶点附近。卡塞格伦天线除了具有抛物面的几何特性,还具有双曲面的特点:双曲面上任意点至两焦点距离之差为常数;双曲面上任一点的切线平分由该点向两焦点连线新构成角的内角，即由焦点发出的射线经双曲面反射后，所有反射线的反向延长线会聚于双曲面虚焦点，其所有的反射线就像是从抛物面焦点发出的一样。卡塞格伦天线从馈源辐射出来的电磁波被副反射面反射向主反射面，在主反射面上再次被反射。由于主、副反射面的焦点重合，经过主、副反射面两次反射后，电波平行于抛物面法向方向定向辐射。在经典的卡塞格伦天线中，副反射面遮挡一部分能量，使得天线的效率降低，能量分布不均匀。修正型卡塞格伦天线的效率可提高到70% ~ 75%，而且能量分布均匀。卡塞格伦天线的优点是天线的效率高，噪声温度低，馈源和低噪声放大器可以安装在天线后方，从而减小馈线损耗带来的不利影响。目前，很多地球站都采用修正型卡塞格伦天线。

4 跟踪、遥测及指令分系统

跟踪、遥测及指令分系统包括跟踪、遥测和遥控指令三部分。跟踪是指地球站接收卫星下发的电磁波信号，检测出电磁波来波方向和地球站天线主波束指向角的偏差，伺服系统利用此偏差信息驱动天线，调整卫星相对于地球站的方位角、俯仰角,使得天线主波束实时对准卫星。遥测是指用传感器测量卫星内部各分系统、卫星的姿态、外部空间环境和有效载荷的工作状况,并将这些参数经下行链路传到地面站,供地面人员处理,分析卫星的工作状况,检查卫星在轨工作状况,判断故障部位和原因。遥控指令是指通过对遥测参数、姿态和轨道参数的研究分析,发现卫星的轨道、姿态、某个分系统或有效载荷工作状况异常或出现故障,并判断出故障部位和做出决策,向卫星发出有关命令修正轨道和姿态,调整分系统和有效载荷的运行参数,甚至切换备份或部件。遥控指令动作的结果,再通过遥测信道传到地面站进行回报证实。遥测和遥控指令两种技术综合起来构成保证卫星正常运行、增强卫星可靠性、延长卫星寿命的重要闭环手段。

5 美国卫星通信系统

当前,全球卫星通信产业加速变革,各国都非常重视卫星通信产业的发展,促进卫星技术突破,推动市场产业繁荣。从国别看,美国卫星技术和产业发展较为领先,在轨卫星占半壁江山;欧洲国家大力整合资源,推动泛欧卫星通信发展;俄罗斯保持传统卫星优势,大力拓展新市场；中国相继出台多项政策，扶持卫星通信产业取得快速发展。从轨道看，GEO卫星发展已过高峰期，而LEO卫星发展正突飞猛进。

美国政府高度重视行业顶层设计。政策方面，自20世纪50年代开始，历届美国政府都会出台新的国家航天政策。法规体系方面，美国卫星通信法规发展最早最成熟最完备。自从1958年《国家航空航天法》出台以来，为规范和鼓励商业卫星通信产业发展，美国又相继出台《通信卫星法案》《轨道法案》等单行法律。在发射领域，颁布《商业空间发射法》《商业空间法》《发射服务购买法》《商业航天发射竞争力法》《鼓励私营航空航天竞争力与创业法》等法律，有力规范和促进私营企业参与卫星发射活动。

美国军用通信卫星主要分为宽带、窄带和受保护三类。宽带通信系统强调通信容量，窄带通信系统为语音等低速通信和移动用户提供服务，而受保护卫星通信系统强调保密和抗干扰能力。宽带卫星方面，美国先后开发三代"国防卫星通信系统"（DSCS）。目前，美国正在使用"宽带全球卫星（WGS）通信系统"替换DSCS。窄带通信系统方面，美国先后开发"舰队卫星通信系统""租赁卫星"和"特高频后继星"系列卫星。从2012年起，进一步使用"移动用户目标系统"(MUOS)替换"特高频后继星"。在受保护卫星方面,美国开发"军事星"(MILSTAR)系列卫星。从2010年起美国开始用"先进极高频"(AEHF)卫星替换MILSTAR。

LEO卫星方面,美国是世界上唯一运行商业LEO卫星通信星座的国家。铱星系统是世界首个投入使用的大型LEO通信卫星系统。2017年发射的"下一代铱星",提升了数据传输速度,增加话音服务、企业数据、设备跟踪以及机器到机器的应用等服务。2019年,SpaceX公司用"猎鹰九号"火箭将"星链"卫星送入太空,开始搭建全球卫星互联网。"星链"计划由约1.2万颗卫星组成,为全球范围内用户提供天基互联网服务。高通量卫星方面,美国ViaSat公司在2011年发射的高通量卫星ViaSat-1,通信容量达到140 Gbit/s;2017年发射的ViaSat-2,通信容量达到300 Gbit/s;后续发射的ViaSat-3是包括3颗高通量卫星的星座,每颗ViaSat-3号Ka波段卫星都能够提供超过1 Tbit/s的通信容量,并采用新技术实现容量动态分配。高通量卫星是指在使用相同带宽的频率资源情况下,数据传输量可达传统卫星数倍甚至数十倍的新一代通信卫星,是通信卫星技术发展的重大革新。激光通信方面,美国瞄准深空激光通信领域,开展"月球激光通信演示验证""激光通信中继演示验证"等计划，采用多种新技术解决大气干扰、超长距离传输等问题，代表了深空激光通信的最高技术水平。此外，美国正实施若干计划，拟通过构建空间激光通信网络整合现行通信架构。

美国"太空互联网计划"已进入部署阶段。目前提出"太空互联网计划"的既有波音、O3b、Telesat、ViaSat 等老牌企业，也有 OneWeb、SpaceX、Theia、Audacy 等新兴科技公司。O3b 星座系统是全球首个成功投入商业运营的 MEO 卫星通信系统。2017 年，OneWeb 成为第一家获得 FCC 准入许可的低轨星座公司。2019 年 2 月，OneWeb 旗下首批 6 颗星座卫星发射升空，"太空互联网计划"进入部署阶段。SpaceX 的"星链"星座项目规模庞大。该公司计划发射约 1.2 万颗小卫星，建设太空互联网。2018 年 SpaceX 获得 FCC 低轨道卫星通信网准入许可，并发射了 2 颗测试卫星。此外，波音公司提出规模近 3 000 颗卫星的星座计划，亚马逊公司提出 3 200 多颗低轨卫星计划，LeoSat MA 公司提出 80 颗卫星的低轨星座计划。

美国应急卫星通信系统发展完备。美国国家安全应急准备计划主要由商用网络抗毁性计划、商用卫星通信互连计划、政府应急电信服务计划、通信优先服务计划四部分组成。在通信系统中嵌入应急容灾功能，这在美国未来电信系统、国防信息系统网、个人通信系统、全国卫星通信、陆地移动卫星服务、南卡罗来纳州的应急系统中都有体现。紧急报警系统与数千个广播电（视）台、有线电视系统以及卫星公司相连，可在紧急状况下向公众传递消息。

5.1 美军宽带全球卫星（WGS）通信系统

WGS 是美军重要的全球宽带卫星通信系统。从 2007 年至 2019 年，该系统一共发射了 10 颗卫星，形成了全球覆盖能力，可为美国、加拿大、新西兰等参与国的军方在南北纬 65°之间提供高速宽带通信服务。

WGS 卫星采用波音 702HP 卫星平台，发射质量 5 900 kg，设计寿命 14 年，单星造价 3.5 亿美元，卫星采用 X 频段和 Ka 频段进行通信，如图 9 所示。前 3 颗 WGS 卫星命名为 WGS Block - I 卫星，可处理 35 条独立 125 MHz 信道，3 条 47 MHz 以及 1 条 50 MHz X 频段全球覆盖信道，卫星通信容量可达 3.6 Gbit/s，超过其前一代宽带通信系统 DSCS - III 布置的 8 颗卫星的总和，双向通信速率 1.4 Gbit/s，广播速率 24 Mbit/s，数据回传速率 274 Mbit/s；随后的 4 颗卫星，即 WGS -4、5、6、7 为 WGS Block - II 星，增加了 2 条独立于主载荷的 400 MHz 信道，通信容量达到 6 Gbit/s；最后的 WGS-8、9、10 命名为 WGS Block-ⅡA，进行了信道化器升级，所有通过 WGS 信道化器升级的信道都从 125 MHz 提升到了 500 MHz，单颗 WGS 卫星的可用带宽几乎翻倍，容量可达 11 Gbit/s，该系统代表了美国宽带军事卫星通信最高技术水平。

图 9　美国波音公司 702 系列卫星平台

每颗 WGS 卫星采用的多波束天线可以提供 19 个波束覆盖区域，包括 9 个 X 频段波束和 10 个指向可控 Ka 频段波束，可以提供 X 频段与 Ka 频段双向通信服务，提供单向 Ka 频段广播服务以及 X 频段与 Ka 频段的跨频通信服务。

支持 WGS 的卫星通信终端主要是美军的战术及单兵信息网，具备指挥、控制、通信、计算机、情报、监视以及侦察（C^4ISR）功能，具有移动性、安全性、无缝性、生存能力强以及能支持多媒体战术信息系统等特点，确保美国陆军在战场任意位置实现机动通信及组网运用。

5.2 美军窄带卫星通信系统——移动用户目标系统（MUOS）

MUOS主要服务于全球战术通信，包括为途中紧急通信、战区内通信、情报广播和战斗网无线电的距离扩展等提供支持。窄带卫星通信电台可跨梯队连接战术作战中心，并为远离主力部队的远程监视部队及陆军特战部队提供支持。

MUOS对网络体系结构和波形进行了优化设计，实现了网络化战术通信，是美军现役窄带卫星通信的核心系统。MUOS包含5颗卫星，其中1颗为备份卫星，2012年到2016年每年发射一颗，现已完成组网。

MUOS卫星采用洛马公司的A2100卫星平台，在轨质量为3 812 kg，尺寸为6.7 m×3.66 m×1.83 m。MUOS拥有澳大利亚、意大利、弗吉尼亚和夏威夷四个地面站。每个地面站通过Ka频段馈线链路服务于其中一个卫星，下行链路为20.2~21.2 GHz，上行链路为30~31 GHz。卫星采用三轴稳定装置，配备了姿态确定和控制系统，可提供精确的指向能力。卫星推进是通过以BT-4主机为中心的系统完成的。BT-4由日本IHI航空航天公司开发，质量为4 kg，长度为

0.65 m。该发动机使用单甲基肼燃料和四氧化二氮氧化物提供 450 N 的推力。除主发动机外,MUOS 还配备了反应控制推进器,安装在反应发动机组件上。发动机燃料为肼的混合物,用于 BT-4 燃烧期间的姿态控制以及 GEO 中较小的轨道调整操作和漂移操作。

通用动力公司 JTRS 部门为 MUOS 研发了两种类型的终端,JTRS HMS 和 JTRS AMF。2012 年 2 月,美国通用动力 C^4 系统使用首个嵌入 MUOS 卫星通信波形的 JTRS HMS 型双通道网络电台 AN/PRC-155,率先完成了语音和数据信息的安全发送,该电台是首个为士兵所用的 MUOS 通信终端。

5.3 美军现役受保护卫星通信系统——MILSTAR 和 AEHF 卫星

MILSTAR 是"军事战略战术中继卫星系统"的简称,由洛马公司和波音公司联合研制,是一种极高频对地静止轨道军用卫星通信系统。MILSTAR 已研制并发射了两代 6 颗星。第一代 MILSTAR 分别于 1994 年 2 月和 1995 年 11 月发射升空,入轨后定位于 120°W 和 4°E 的相对静止轨道上。第一代 MILSTAR 重约 4.67 t,太阳帆板输出功率为 8 kW,设计寿命为 7 年,现已退役。第二代 MILSTAR 以战术通信为主,在轨寿命达 10 年以上,且具有很好的超期服役潜力。由于需要良好的抗干扰通信能力,因此它同时配置了低速率和中速率通信载荷,并采用调零天线,具有较强的战术通信能力。

AEHF 卫星(图 10)也称为第三代 MILSTAR,用来替换第二代 MILSTAR,属于受保护抗干扰通信卫星,其信息传输能力是第二代 MILSTAR 的 10 倍,每颗 AEHF 卫星价格只有 MILSTAR 的一半,大约 5.8 亿美元,设计寿命

图 10 组装中的 AEHF 卫星

15 年,搭载在"宇宙神 - 5"型运载火箭上发射。卫星采用洛马公司的 A2100 平台,其有效载荷总功率 6 kW,上行链路工作频段 44 GHz,下行链路工作频段 20 GHz。AEHF 卫星采用现有的 MILSTAR 低速数据速率和中速数据速率信号,速度分别为 75 ~ 2 400 bit/s 和 4.8 Kbit/s ~ 1.544 Mbit/s。它还集成了一个新信号,允许的数据速率高达 8.192 Mbit/s,通信可覆盖极地地区。

AEHF 系统于 2010 年 8 月 14 日发射了第一颗星,随后于 2012 年、2013 年和 2018 年分别发射了 1 颗,已发射部分与 MILSTAR 组合运行。同 MUOS 类似,AEHF 系统使用的卫星平台同样采用了电推进系统,包括 4 台用于轨道转移和位置保持的 BPT - 4000 氙离子霍尔效应推力器。

5.4 美军未来受保护卫星通信系统——战略扩展数据率(XDR)通信卫星星座和受保护战术卫星通信系统(PATS)

美军的未来受保护卫星通信系统分为战略和战术两个部分。未来战略卫星通信系统是 AEHF 系统的后继方案,包括战略扩展数据率(XDR)通信卫星星座和相关任务控制段。它具有弹性特征，支持 XDR 波形。XDR 波形是美军目前最复杂的低探测率、低拦截率、抗干扰一种的波形，其使得数据传输率比传统卫星系统的传输率提高 5 倍以上。该系统将为北极地区提供战略卫星通信支持能力并增强战略卫星通信的弹性。

目前美军没有独立的受保护战术卫星通信载荷，受保护战术通信由 MILSTAR 和 AEHF 系统提供，远不能满足美军需求，未来美军将建立单独的受保护战术卫星通信系统提供受保护战术卫星通信服务，如图 11 所示。PATS 将向战术作战人员提供全球范围的超视距、抗干扰及低截获概率/低检测概率通信，并使用新的抗干扰战术通信波形。

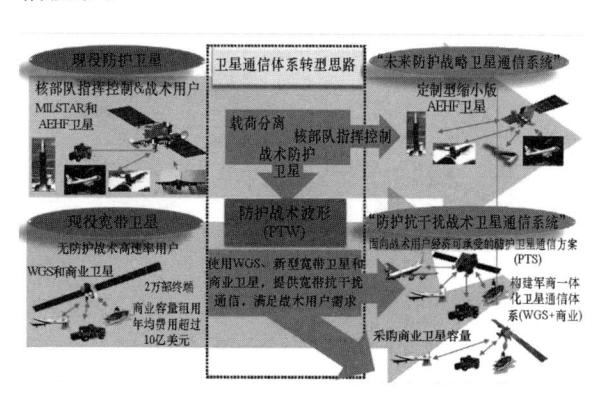

图 11 美军未来战术卫星通信系统

美军计划通过三个阶段实现 PATS。第一阶段通过改造现役 WGS 卫星系统的通信终端,建设初步的地面运行管理系统,在 X 和 Ka 频段运行 PTW 波形,实现未来 10 余颗 WGS 卫星的抗干扰通信能力;第二阶段将通过改造其他现役商业卫星系统通信终端,拓展地面运管系统,在 C、Ku、Ka 等多个商业频段运行 PTW 波形,实现租用的商业卫星系统抗干扰通信能力;第三阶段将利用研制的专用型战术通信卫星,配合 PTW 波形、地面终端与建成完善的运行管理系统,提供更高级别的抗干扰战术通信。

经过数十年的努力,美军已经拥有了完备的宽带、窄带、受保护卫星通信系统,为美军的战场通信和态势感知提供了极大的便利。但美国国防部依然认为这三大系统无法满足美军未来对卫星通信的需求,启动了一项改造现有军用卫星通信体系的长远计划,以加强美军现有通信卫星的抗干扰性和提高载荷容量,并积极论证了商业卫星的军用途径。其最终目标是提高美军通信卫星的弹性抗毁性和高可用性。

5.5 低轨宽带卫星星座

宽带互联网是人类文明进步和社会发展的重要平台。建设天基宽带互联网,与地面宽带网络等互联融合,进一步满足人们对全球无缝覆盖的宽带网络需求,是互联网技术未来发展的一个重要方向。建立天基信息网络的概念由来已久,早在19世纪90年代美国就提出了天基综合信息网的基本概念,欧洲也提出了构建面向全球通信的综合空间基础设施的设想,但此前多年由于技术和成本的限制并未付诸实践。

近年来,随着卫星制造和航天发射技术的进步,天基互联网的发展正在从梦想照进现实。以美国SpaceX公司为代表的科技公司已全面启动天基互联网建设。

1. SpaceX"星链"计划

"星链"是美国SpaceX公司的低轨宽带通信卫星系统计划,如图12所示。该公司计划利

图12 "星链"示意图

用"猎鹰九号"可回收火箭将"星链"卫星送入轨道,组成小卫星互联网星座,并在全球范围内提供互联网接入服务,整个计划预计需要约100亿美元。

2016年和2017年,SpaceX分别向美国联邦通信委员会(FCC)提交了首批4 425颗Ku/Ka波段卫星和第二批7 518颗V波段卫星系统申请,计划由1.2万颗低轨卫星构成一代"星链"巨型星座。随后在2018年至2020年期间3次申请调整,目前Ku/Ka波段卫星减少至4408颗。2020年5月,SpaceX再向FCC提出第二代"星链"系统Gen2的申请,并在2021年申请修改为29 988颗,随后在2022年SpaceX向FCC提交申请,在二代星座中增设手机直连卫星的有效载荷。

截至2024年9月6日,SpaceX已累计发射7 001颗"星链"卫星,其中包括测试卫星2颗、0.9版卫星60颗、1.0版卫星1 678颗、1.5版卫星2 974颗、2.0mini版卫星2 287颗;"星链"在轨6 396颗,空间操作6 337颗,正式运营5 770颗,再入605颗,脱轨59颗。"星链"终端陆续推出了三代五个版本,正式在105个国家和地区落地,全球用户总数超过370万。

"星链"将服务划分为个人版和商版。个人版为住户、房车、船艇提供服务,适用于普通家庭用户，可提供 50～200 Mbit/s 的下载速度和 10～20 Mbit/s 的上传速度，时延在 20～40 ms。商业版为固定位置、移动装备、海事和航空提供服务，适用于大型组织和政府机构，提供业务速率能达到 350 Mbit/s 的下载速度和 40 Mbit/s 的上传速度，时延 20～40 ms，有更多的卫星和更大的容量作为支撑，更安全可靠。

2. OneWeb 计划

OneWeb 是一家成立于 2012 年的美国卫星通信公司，致力于发展低轨通信卫星系统，为地面用户提供高速宽带天基接入服务。OneWeb 计划打造一个名为"星座"的卫星互联网络，共发射超过 650 颗卫星，并于 2021 年提供无缝的全球互联网覆盖。OneWeb 的卫星使用 Ka 和 Ku 频段与地球进行通信。Ka 频段用于地面网络（连接 OneWeb 系统和互联网）与卫星之间的通信；而 Ku 频段将用于卫星和用户终端之间的通信。2019 年 2 月 27 日，OneWeb 利用"联盟号"运载火箭顺利发射首批 6 颗互联网卫星。截至 2023 年 12 月 23 日，OneWeb 已经成功发射 640 颗低轨卫星，其中仍有 634 颗卫星在轨，632 颗卫星工作，已完成第一阶段的卫星部署，组网低轨卫星规模仅次于"星链"。

3. O3b 计划

O3b（Other Three Billion）星座系统是全球第一个成功投入商业运营的 MEO 卫星通信网络，由通信卫星巨头 SES 公司主导，谷歌、汇丰等企业参与。第一代 O3b 星座于 2019 年 4 月完成组网，轨道高度 7 830 km，采用 Ka 频段，包含 20 颗重约 700 kg 的小卫星（由法国泰雷兹阿莱尼亚宇航公司研制生产），主要向全球偏远地区（主要是非洲、亚洲和南美等）的 30 亿人口提供高带宽、低成本、低延迟的卫星互联网接入服务。

2018 年 6 月，FCC 批准 O3b 利用 26 颗新增卫星（V 频段）在美销售卫星连通服务的请求，O3b 公司累计可运营 MEO 卫星数量达到 42 颗，并将 O3b 星座覆盖范围从目前的北纬 50°至南纬 50°扩展到全球。

6　俄罗斯卫星通信系统

俄罗斯卫星通信起步早，拥有多个卫星通信系统，但是通信终端功率小，数据传输速率低。有中低轨道"箭－3"卫星、大椭圆轨道"闪电"系列卫星和地球同步轨道"彩虹"系列卫星。"闪电"系列卫星和"彩虹"系列卫星主要用于执行战略通信任务。当前俄罗斯正在使用的"闪电"系列卫星主要有"闪电-1T"和"闪电-3"。"闪电-3"由部署在8个轨道面上的16颗卫星组成完整星座,提供给空军机动部队和海军舰队通信使用。新一代"子午线"卫星将逐步替代目前正在使用的"闪电"系列卫星,其性能和使用寿命都明显提高。"彩虹"系列卫星主要用于军事通信,给军事指挥和控制提供可靠的通信能力。

俄罗斯通过制定政策法规保障优先发展航天项目。俄罗斯涉及卫星通信的法律体系主要包括《俄联邦空间活动法》和大量总统令、政府令以及行业有关规定和规章制度。《俄联邦空间活动法》明确提出,航天技术及活动是"国家最高等级的优先发展项目",要依靠航天技术增强经济、科技和国防实力。俄罗斯先后出台多个航天战略规划,明确了未来俄罗斯航天领域的重点发展方向及任务的阶段性部署,对指导航天发展具有重大意义。此外,俄罗斯还制定了《俄罗斯联邦建立和发展空间数据基础设施纲要》等许多相关领域的专项政策。

俄罗斯着力发展军用通信卫星系列。除为国外用户发射的通信卫星,俄罗斯近年来发射的通信卫星主要是本国军用通信卫星,目的是着力完善国内高性能、多用途系列军用通信卫星。目前俄罗斯在轨军用通信卫星都混编在"宇宙"系列中,主要分 LEO、GEO 和大椭圆轨道卫星,为俄罗斯武装力量提供战略和战术层面的各种通信和指挥控制服务。俄罗斯发展的"钟鸣"系列卫星是高性能 GEO 重型军事通信卫星,基于"快讯 - 2000"平台研制,可提供电话和视频会议以及互联网宽带接入等服务,设计寿命至少 15 年。2018 年还发射了 3 颗"宇宙"系列军用通信卫星。

俄罗斯积极拓展商业航天发展新市场。民/商用卫星方面,在国内外卫星通信服务需求快速增长的影响及政策推动下,俄罗斯先后部署多颗"快讯"系列高性能通信卫星,为本国及周边区域提供卫星广播电视、宽带接入、移动通信等服务。俄罗斯卫星通信公司分别与中东地区的卫星服务提供商地平线卫星公司、欧洲计时卫星公司以及德国罗曼蒂斯卫星通信公司等签署合作协议,允许后者使用快讯 - AM6、AM7 和 AM22 等卫星为中东、中亚、南亚等地区提供通信服务,拓展商用市场。

2018 年 5 月,俄罗斯国家航天集团在官网公布其覆盖全球的低轨通信星座计划。该星座由 288 颗 LEO 组成,计划在 2025 年前建成,可面向全球用户特别是偏远地区用户提供话音和互联网接入服务，造价预估为 2 990 亿卢布，经费来源为私人投资和基金注资。俄罗斯国家航天集团还将与 OneWeb 公司开展国际合作，形成优势互补。

7 欧盟及其他国家卫星通信系统

欧盟积极推动泛欧卫星通信服务。2008 年，欧盟正式启动泛欧卫星移动通信服务审批程序，在全欧盟范围内开展卫星移动通信服务。2011 年，欧盟委员会明确提出整合各成员国的资源，从欧盟层面大力发展泛欧卫星移动通信。2016 年，欧盟委员会出台《欧洲航天战略》强调推进欧洲航天一体化。为落实《欧洲航天战略》，2018 年发布的《欧盟 2021 至 2027 年长期预算提案》提出欧洲太空计划，要求确保高质量、最新和安全的太空相关数据和服务，为商业化提供更多便利支持。

欧盟通信卫星产业体系完备。火箭研制方面，由法国提议并由欧洲航天局组织研制的"阿丽亚娜"火箭系列至今已研制成功 6 种型号，其在国际航天市场拥有重要地位。卫星研制方面，欧洲已形成完备的系列平台体系。"欧洲星 – 3000"与"空间客车 – 4000"系列均面向质量为 3~6 t 的中大型 GEO 卫星市场，阿尔法平台则侧重 6 t 以上的超大型通信卫星。3 t 以下平台方面，2017 年欧洲自主研发的 Small GEO 平台正式启用，填补了模块化设计，保证其可以满足多种任务需求，Small GEO 平台的启用使欧洲通信卫星研制能力的布局完整化。2019 年，英国萨瑞卫星技术公司发射欧洲通信卫星公司的"量子"卫星时正式启用 Small GEO 卫星平台，同样面向 Small GEO 通信卫星。应急通信方面，为应对突发公共事件和自然灾害，欧盟基于卫星通信的网络基础架构建立 e-Risk 系统，利用卫星定位技术，结合地面指挥调度系统和地理信息系统，集成有线语音、无线语音、宽带卫星、数据网络、视频等多个系统，相关救援人员可以快速取得联系，对事故现场进行精准定位和快速救援处置。

欧盟积极参与国际市场合作。欧盟一向对国际市场高度重视，开展国际合作是欧洲空间政策的核心内容之一。欧洲航天产业中，总产值四成以上的产品和服务是为境外市场提供的。欧洲航天局和法、德等国不但与美国、俄罗斯和日本等传统的航天国家合作，还积极与新兴的航天国家和发展中国家开展合作。欧洲航天局、欧盟委员会和俄罗斯联邦航天局三方共同组建太空对话指导委员会，并建立包括卫星通信在内的 7 个工作组。2018年1月,欧洲通信卫星公司与中国联通签订合作谅解备忘录,共同开拓亚太地区增长迅速的商用卫星通信市场。2018年12月,印度最新的高通量通信卫星Gsat–11在法属圭亚那发射升空。

欧盟大力推进卫星通信和5G星地融合。欧盟积极推动卫星业界参与5G标准制定与协同发展。在欧盟委员会、欧洲航天局等机构倡导下,欧洲成立SaT5G、SATis5等多个产业联盟组织,共同推进卫星与5G联合应用。2017年,欧洲通信卫星公司、国际移动卫星公司等16家卫星运营商、服务商及制造商签署"卫星5G"协议,共同探索卫星通信和5G无缝链接的最佳方案,并计划在欧洲开展试点。2018年,欧洲通信卫星公司在SaT5G合作框架下成功实现了利用卫星提供5G传输服务,为探索5G星地融合方案提供重要支撑。

欧盟重点推动激光通信系统商业化运营。欧洲航天局早期实施的"半导体激光星间链路试验"等项目,首次验证LEO至GEO的星间通信。瑞士发展了高码率、小型化、轻量化、低能耗的OPTEL工业化激光通信终端系列,德国完成了合成孔径雷达卫星的高码率多用途激光通信终端TSX–LCT,表明欧洲已处于国际先进水平。2008年底,欧洲航天局在其"欧洲数据中继卫星系统"(EDRS)中应用激光通信终端，构建太空数据高速路，并以商业模式运营，成为世界上首个商业化运营的高速率卫星激光通信系统。2020年，欧洲航天局计划将 EDRS 扩展成为全球覆盖系统，形成以激光数据中继卫星与载荷为骨干的天基信息网，实现卫星、空中平台观测数据的近实时传输，未来 EDRS 的主要市场将是无人机编队的通信服务。

8 中国卫星通信系统

8.1 通信卫星系统

1. **开创时期**（1970—1974）

1970年4月24日，我国成功发射了第一颗人造地球卫星——"东方红一号"（图13），它使中国成为继苏、美、法、日之后，世界上第五个独立研制并发射人造地球卫星的国家，也标志我国正式开启了对太空的探索实践。"东方红一号"是一颗试验卫星，设计寿命20天，正常工作了28天，之后与地面失去了联系，仍在空间轨道上运行。除验证卫星发射技术和进行电离层及大气密度测试实验之外,这颗卫星还有一个重要的通信功能——它安装了一个电子乐音发生器,可以通过 20 MHz 无线通信频段,反复向地面播送《东方红》乐曲。

图13 正在装配的"东方红一号"

1972年,我国邮电部门租用国外的卫星通信地球站设备,先后在北京首都机场和上海虹桥机场,建立了两座临时卫星通信地面站,这是中国第一次使用卫星进行通信。不久后,北京完成了一号、二号卫星地面站建设。1973年7月4日,一号站开始通过太平洋上空的国际卫星,提供国际通信服务。1974年3月25日,二号站开始通过印度洋上空的国际卫星,开通对亚、欧、非的国际通信电路。

2. 困惑时期（1975—1983）

卫星通信技术的应用坚定了我国发展卫星通信的决心。北京邮电学院的黄仲玉、林克平和钟义信三人经过讨论商议，联名写了《关于建设我国卫星通信的建议》，上报高层领导。他们的建议获得了领导的阅批。根据批示，相关部门联合提出了实施方案报告。1975年3月31日，批准了《关于发展我国卫星通信问题的报告》，并随之启动了"331工程"。到1978年，"331工程"的大部分设备均已研制完成，包括1 m、5 m、10 m、15 m地面站等，地面站研制工作稳步推进，如图14所示。

卫星研制方面，很多国内科研机构对国产技术缺乏信心，开始将重心放到技术引进上。在这样的思想影响下，1980年，原计划发射本国通信卫星的方案被搁置。整体工作进入了停顿状态。1980年5月，我国成功向太平洋发射了洲际弹道导弹，验证了发射技术。国家决定通信卫星还是要靠自主研发。1981年11月，修改后的"331工程"第一期通信分系统方案讨论通过。根据计划，1983年5月国内将完成地面设备安装调试，1983年底进行卫星发射。

图 14 位于上海的美制 10 m 天线移动式
卫星通信地球站

3. 创造时期 (1984—1997)

1984 年 4 月 8 日，中国第一颗静止轨道实验通信卫星——"东方红二号"实验卫星发射成功，顺利进入轨道，如图 15 所示。这颗卫星由中国空间技术研究院研制，采用自旋稳定，主体为圆柱形，高 3.6 m，直径 2.1 m，起飞重量达 900 kg（有效载荷为 461 kg），设计寿命为 4.5 年。卫星有 2 个 C 频段覆球波束天线，还有遥控全向天线和遥测全向天线，可以 24 h 全天候通信，包括电话、电视和广播等各项通信。它采用地球同步轨道,能覆盖中国全境及周围一些地区,极大提升了国内的信息传递能力。"东方红二号"实验卫星使中国成为世界上第五个自行发射地球静止轨道通信卫星的国家,也开启了中国用中国卫星进行卫星通信的历史。

图15　"东方红二号"

1985年,先后建设北京、拉萨、乌鲁木齐、呼和浩特、广州等5个公用网地球站,正式传送中央电视台节目。1986年2月1日,西昌卫星发射中心用"长征三号"火箭将"东方红二号"实用通信广播卫星成功送入预定轨道,结束我国只能租用国外通信卫星看电视、听广播的历史,开启自主卫星通信时代。

1986年3月31日,国务院正式批准航天部研制"东方红三号"卫星的方案,正式启动第二代通信卫星"东方红三号"的研制工作。1986年7月8日,我国卫星通信网正式建成,将北京、拉萨、乌鲁木齐、呼和浩特、广州5个地球站联结起来,覆盖我国的全部版图。1988年3月7日,中国第一代实用通信卫星"东方红二号"甲(中星一号)卫星发射成功,包含4个C频段转发器,能够传输4路彩色电视信号和3000路电话,如图16所示。1988年,原中国通信广播卫星公司引进国外通信设备,建成我国第一个VSAT(甚小型口径天线终端)通信网,为铁道部、能源部、地震局、海洋局、民航局、海关总署、经济信息中心和农业银行8个行业部门提供通信服务。

1997年5月12日,我国成功发射了"东方红三号"卫星,如图17所示。这颗卫星定点于东经125°赤道上空,装有24个C频段转发器,设计工作寿命8年以上。卫星采用全三轴姿态稳定技术、双组元统一推进技术、碳纤维复合材料结构等先进技术,性能先进、技术复杂,达到了国际同类通信卫星的先进水平。"东方红三号"通信广播卫星,主要用于电视传输、电话、电报、传真、广播和数据传输等业务。它的投入使用,极大地缓解了当时国内通信卫星市场转发器短缺的矛盾。

图 16　"东方红二号"甲

图 17　"东方红三号"

"东方红三号"卫星的服务舱部分被设计成通用模式,通过搭载不同的有效载荷,"东方红三号"就能够组成各类功能的卫星,用于不同的用途,从通信卫星逐步演变为公共卫星平台。

1984年10月12日,我国成立了中国通信广播卫星有限公司。随着国际上的卫星电视业务浪潮兴起,中信集团在1988年成立亚洲卫星公司,总部设在香港,是亚洲地区第一家区域性的商业卫星运营组织;中国航天科技集团公司在1992年筹建亚太卫星控股有限公司。此外,1994年5月成立了鑫诺卫星通信有限公司,1995年4月成立了中国东方通信卫星有限责任公司。

4. 奋进时代(1998—2021)

2000年1月26日,"中星二十二号"通信卫星发射成功。2001年10月,国家正式批准"东方红四号"卫星平台立项。2007年6月1日,"鑫诺三号"(中星5C,通信中继卫星)发射成功,实现通信、广播和数据传输,在轨寿命8年,如图18所示。

2008年4月25日,我国首颗数据中继卫星"天链一号"01星发射成功,并多次完成"神舟""天宫"载人航天,及地面舰船、运载火箭

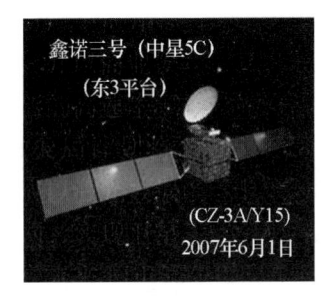

图 18 中星 5C

等非航天器类用户的数据中继任务。我国成为继美国之后第二个拥有对中、低轨航天器具备全球覆盖能力的中继卫星系统的国家。2008年6月9日,中国第一颗广播电视直播卫星"中星九号"发射成功。2010年1月,"中星九号"发送加密广播电视信号。2011年,"天通一号"卫星移动通信系统重大工程正式启动。2011年7月11日,"天链一号"02星发射成功,与"天链一号"01星组网运行,为中国"神舟"飞船以及未来空间实验室、空间站建设提供数据中继和测控服务。

2012年7月25日,"天链一号"03星发射成功,如图19所示。2016年8月6日,第一颗移动通信卫星"天通一号"01星发射成功。2016年8月16日,"墨子号"量子科学实验卫星发射成功。

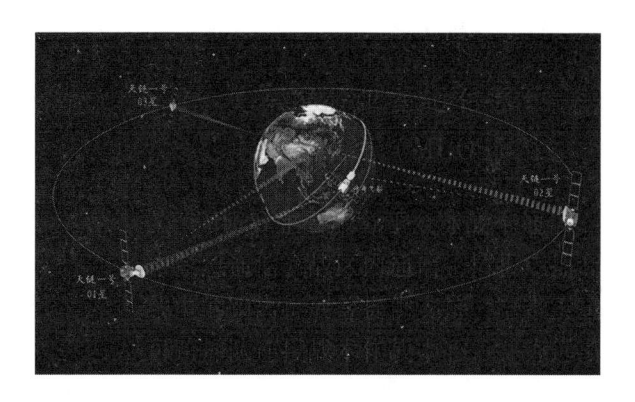

图 19 "天链一号"

2017年4月12日,我国发射第一颗 Ka 频段的高通量通信卫星"实践十三号"(中星十六号),总容量 20 Gbit/s。2018年10月29号,"天启一号"卫星发射成功,并开展物联网数据业务。2019年12月27日,"实践二十号"卫星发射成功。

2020年4月20日,卫星互联网列为国家发改委"新基建"信息基础设施。2020年7月9日,"亚太6D"卫星发射成功,容量 50 Gbit/s。2021年1月20日,"天通一号"03 星发射成功。中国电信运营"天通一号"卫星电话。2021年4月27日,"天启"09 星发射成功,并开展物联网数据业务。2021年4月28日,国资委发布2021年第 1 号公告,新组建中国卫星网络集团有限公司（即星网集团），落户雄安。星网集团成立中国星网网络系统研究院有限公司、中国星网共享服务有限公司、中国星网网络创新研究院有限公司、中国星网网络应用研究院有限公司等多家子公司。

8.2 数据中继卫星系统

数据中继卫星是一种特殊用途的通信卫星，一般是利用与地球同步的中继卫星在中低轨飞行器和地面站之间建立一条全天候、实时的高速通信链路，主要用于提供低轨航天器与地面控制中心的数据中继、连续跟踪与轨道测控服务，扩大航天器与地面控制中心的信息交互时长，实现资源卫星、环境卫星等数据的实时下传，提高各类卫星使用效益和应急能力，为应对重大自然灾害赢得更多预警时间，如图20所示。未来对月球、火星等探测及深空研究的航天器，也需要针对性地设置数据中继卫星，提供数据中继服务。

不同于一般通信卫星所保障的地面、海上或空中用户，作为数据中继卫星用户的航天器具有以下特点：一是飞行速度快，低轨航天器对地飞行速度可达70 000 km/h，多普勒频移明显；二是绕地球飞行，需要中继卫星通信天线能够自动跟踪目标航天器；三是传输数据量大，对于对地

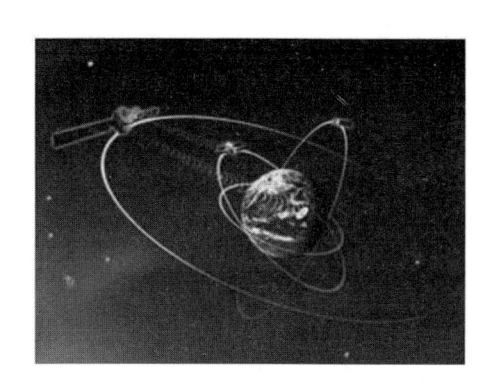

图 20　数据中继卫星

观测类卫星，需要回传的数据多达数百兆比特每秒，甚至更多。因此，传统的通信卫星无法满足航天器的保障任务，需要设计专用的数据中继卫星。

1. 主要用途

一是跟踪和测定中、低轨道卫星。为了尽可能多地覆盖地球表面和获得较高的地面分辨能力，许多卫星都采用倾角大、高度低的轨道。数据中继卫星几乎能对中、低轨道卫星进行连续跟踪，通过转发它们与测控站之间的测距和多普勒频移信息实现对这些卫星轨道的精确测定。

二是为对地观测卫星实时转发遥感、遥测数据。气象、海洋、测地和资源等对地观测卫星在飞经未设地球站的上空时，把遥感、遥测信息暂时存储在记录器里，在飞经地球站时再进行转发。数据中继卫星能实时地把大量的遥感和遥测数据转发回地面。

三是承担航天飞机和载人飞船的通信和数据传输中继业务。地面上的航天测控网平均仅能覆盖15%的近地轨道，航天员与地面上的航天控制中心直接通话和实时传输数据的时间有限。2颗适当配置的数据中继卫星能使航天飞机和载人飞船在全部飞行的85%时间内保持与地面联系。

四是满足军事特殊需要。以往各类军用的通信、导航、气象、侦察、监视和预警等卫星的地面航天控制中心，常需通过一系列地球站和民用通信网进行跟踪、测控和数据传输。数据中继卫星可以摆脱对绝大多数地球站的依赖，自成独立的专用系统，更有效地为军事服务。

2. 系统组成

数据中继卫星系统一般由空间段（中继卫星星座）、地面段（地面终端）和用户航天器（中继卫星系统的服务对象）三个主要部分组成。

空间段一般为配置于静止轨道上的一颗或多颗卫星，即中继卫星，它是数据中继卫星系统的核心单元。中继卫星在数据中继过程中只做简单的变频转发，但处于地球静止轨道的 TDRS 星要与距离约 40 000 km 并且以第一宇宙速度运行的中、低轨道用户航天器建立稳定的数据传送链路，并且传送高达几百兆比特每秒的数据，必须采用不同于一般卫星通信和地面高速数据传送设备的先进技术。

地面段主要指中继卫星系统的地面测控终端站，是天地信息汇集和交换中心，其基本组成包括对数据中继卫星通信的大口径天线、射频收发设备、调制/解调设备、测距/测速设备、加密/解密设备、中继卫星测控设备、多址用户自适应地面处理设备、纠错编码/解码设备、站用时统和测控网通信接口等。

数据中继卫星系统的主要用户终端是中、低轨道的各类航天器，尤其是要求高覆盖率的载人航天器和高数据传输速率的用户航天器。该系统还能用于高动态运载火箭的全程遥测数据传递，长航时无人机、长期高空气球、海上漂浮探测数据的传输，极区站高速接收数据的实时转发，甚至还可以为运载火箭或导弹发送遥控指令。

不同用户终端有不同的测控数传要求，因而将使用不同的转发器和不同类型的天线。一般需要反向传输数兆比特每秒以上数据的用户航天器必须使用高增益定向天线（抛物面、相控阵）和相应的精密天线波束指向控制和跟踪设备；低速用户航天器、海上无人平台等可使用低增益宽波束天线，星-星链路容易建立；运载火箭则必须使用不妨碍载体气动特性的天线（如贴片阵列、微带等）。

3. **建设成果**

中继卫星是世界航天大国的标志性成果，随着空间站、对地观测卫星的入轨应用，世界各航天大国从20世纪80年代开始陆续建立了较完备的数据中继卫星系统。

我国数据中继卫星系统的发展大致分两步走。第一步先建立单星系统，使其最大反向数传速率达几百兆比特每秒，对用户航天器的轨道覆盖率达50%以上；第二步采用大型卫星平台建立双星系统，使对用户航天器的轨道覆盖率达到85%。

我国"天链"中继卫星系统于2003年立项建设，"天链一号"01星、02星、03星和04星，分别于2008年4月、2011年7月、2012年7月和2016年11月发射升空，4颗卫星在轨组网运行稳定，开创了我国天基测控和数据传输的新纪元。"天链一号"也是继美国之后，世界上第二个具有对中低轨道航天器进行全球覆盖能力的中继卫星系统。"天链一号"4颗卫星均以"东方红三号"卫星平台为基础，星间通信链路使用单个 S/Ka 频段双馈源抛物面天线，测控信号使用 S 频段单址链路中继（SSA）信号，星地高速通信使用 Ka 频段天线。卫星大型抛物面天线指向、捕获和跟踪使用星载闭环捕获跟踪技术。"天链"中继卫星已为"神舟"系列飞船、"天宫一号"目标飞行器、"天宫二号"空间实验室和"天和"核心舱等载人航天工程各阶段任务提供了有力的测控和通信保障，并先后为遥感等多个系列的数十颗卫星提供长期在轨高速数据中继及测控服务，形成了全球测控能力和高速数据实时回传能力。该卫星系统还为我国运载火箭提供了天基测控手段，大幅提升了我国航天发射全程测控与数据中继能力。

2019 年 3 月 31 日 23 时 51 分，中国在西昌卫星发射中心用"长征三号"乙运载火箭，将"天链二号"01 星送入太空，卫星成功进入地球同步轨道。"天链二号"01 星是中国第二代数据中继卫星系统的第一颗卫星，主要为飞船、空间实验室、空间站等载人航天器提供数据中继和测控服务，为中低轨道遥感、测绘、气象等卫星提供数据中继和测控服务，为航天器发射提供测控支持。"天链二号"卫星能够与"天链一号"卫星系统相互兼容，使我国以数据中继为特征的天基通信基础设施在传输速率、服务数量、覆盖范围等方面进一步提升，为我国强化数据中继和测控等战略服务提供基础性保障。

2021年10月,在"神舟十三号"载人飞船发射和与空间站组合体自主交会对接任务中,北京空间信息传输中心调用"天链二号"01星和"天链一号"03、04星接力跟踪,在地面与飞船之间搭起了稳定可靠的"信息天路",持续高速向北京航天飞行控制中心发送飞船数据,为各关键动作的实施提供了重要的图像和语音双向传输支撑。

8.3 北斗卫星导航系统

中国北斗卫星导航系统(BDS)是中国自行研制的全球卫星导航系统,是继美国全球定位系统(GPS)、俄罗斯格洛纳斯(GLONASS)卫星导航系统之后第三个成熟的卫星导航系统。

北斗卫星导航系统由空间段、地面段和用户段三部分组成,可在全球范围内全天候、全天时为各类用户提供高精度、高可靠的定位、导航、授时服务,并具备短报文通信能力,定位精度10 m,测速精度0.2 m/s,授时精度10 ns。

中国从20世纪80年代开始探索适合国情的卫星导航系统发展道路,形成了"三步走"发展战略:2000年建成"北斗一号"系统,向国内提供服务;2012年建成"北斗二号"系统,向亚太地区提供服务；2020年建成"北斗三号"系统，向全球提供服务。计划2035年以北斗系统为核心，建设完善更加泛在、更加融合、更加智能的国家综合定位导航授时体系。

第一步，建设"北斗一号"系统。1994年启动"北斗一号"系统工程建设；2000年发射2颗地球静止轨道卫星，建成系统并投入使用，采用有源定位体制，为中国用户提供定位、授时、广域差分和短报文通信服务；2003年发射第3颗地球静止轨道卫星，进一步增强系统性能。

第二步，建设"北斗二号"系统。2004年启动"北斗二号"系统工程建设；2012年完成14颗卫星（5颗地球静止轨道卫星、5颗倾斜地球同步轨道卫星和4颗中圆地球轨道卫星）发射组网。"北斗二号"系统在兼容"北斗一号"系统技术体制基础上，增加无源定位体制，为亚太地区用户提供定位、测速、授时和短报文通信服务。

第三步，建设"北斗三号"系统。2009年启动"北斗三号"系统建设；2020年完成30颗卫星发射组网，全面建成"北斗三号"系统。"北斗三号"系统继承有源服务和无源服务两种技术体制，为全球用户提供定位导航授时、全球短报文通信和国际搜救服务，同时可为中国及周边地区用户提供星基增强、地基增强、精密单点定位和区域短报文通信等服务。

北斗系统具有以下特点：一是空间段采用三种轨道卫星组成的混合星座，与其他卫星导航系统相比高轨卫星更多，抗遮挡能力强，尤其在低纬度地区性能优势更为明显；二是提供多个频点的导航信号，能够通过多频信号组合使用等方式提高服务精度；三是创新融合了导航与通信功能，具备定位导航授时、星基增强、地基增强、精密单点定位、短报文通信和国际搜救等多种服务能力。

定位导航授时服务。为全球用户提供服务，空间信号精度优于 0.5 m；全球定位精度优于 10 m，测速精度优于 0.2 m/s，授时精度优于 20 ns；亚太地区定位精度优于 5 m，测速精度优于 0.1 m/s，授时精度优于 10 ns，整体性能大幅提升。

短报文通信服务。区域短报文通信服务，服务容量提高到每小时 1 000 万次，接收机发射功率降低到 1~3 W，单次通信能力 1 000 汉字（14 000 bit）；全球短报文通信服务，单次通信能力 40 汉字（560 bit）。

星基增强服务。按照国际民航组织标准，服务中国及周边地区用户，支持单频及双频多星座两种增强服务模式，满足国际民航组织相关性能要求。

地基增强服务。利用移动通信网络或互联网络，向北斗基准站网覆盖区内的用户提供米级、分米级、厘米级、毫米级高精度定位服务。

精密单点定位服务。服务中国及周边地区用户，提供动态分米级、静态厘米级的精密定位服务。

国际搜救服务。按照国际搜救卫星系统组织相关标准，与其他卫星导航系统共同组成全球中轨搜救系统，服务全球用户。同时提供反向链路，极大提升搜救效率和服务能力。

8.4 低轨宽带通信卫星系统

我国低轨宽带通信卫星系统主要有航天科技集团的"鸿雁星座"、航天科工集团的"虹云工程"、中国电科集团的"天象"等。卫星通信具有全球通用的特性，不像传统互联网接入容易建立防火墙机制，实现"贸易保护"。龙头企业或将利用先发优势和技术优势在全球范围快速抢占市场。

"星链"庞大的卫星计划意在将天基互联网系统构建成未来美国宽带互联网的核心力量，并且能凭借超级大国的经济、军事、科技优势将该系统向其盟友乃至全球推广应用，因此其带宽需求巨大，所需卫星数量众多；中国相关天基互联网计划更多是作为既有发达的地面宽带通信网络的补充，面向现有网络无法有效覆盖的领域并辐射"一带一路"等全球利益拓展方向，因此其投资规模及星座规模也相对有限。

尽管如此，考虑到互联网安全及轨位频率资源稀缺等因素，打造拥有自主知识产权的低轨宽带通信卫星系统仍迫在眉睫。截至2019年，国际电联已收到200余个大型卫星系统计划申请，而其中大部分申请人都不具备部署完整星座的能力，提交申请的主要目的是抢占频段资源。为此，国际电联于2019就修改申请条件达成初步共识，即让申请人（运营商）在1年或者3年内完成第一个里程碑阶段，并且需要发射更多的卫星来保住所申请的频段。

1. 航天科技集团"鸿雁星座"计划

"鸿雁星座"计划是由航天科技集团东方红卫星移动通信有限公司自主建设的低轨宽带通信卫星系统。该星座将由300多颗低轨道小卫星及全球数据业务处理中心组成，具有全天候、全时段及在复杂地形条件下的实时双向通信能力，可为用户提供全球实时数据通信和综合信息服务。

"鸿雁星座"计划建成一套由300多颗宽带通信卫星组成的卫星系统，实现全球任意地点的互联网接入,构建我国"海、陆、空、天"一体的卫星移动通信与空间互联网接入系统,以实现全球移动通信、物联网、导航增强、航空监视等功能。

2. 航天科工集团"虹云工程"

"虹云工程"是由航天科工集团二院牵头研制的低轨宽带通信卫星系统,其将以天基互联网接入能力为基础,融合低轨导航增强、多样化遥感,实现通、导、遥的信息一体化。该系统计划由 156 颗低轨小卫星在距离地面 1 000 km 的轨道上组网运行,构建星载宽带全球互联网络。"虹云工程"的建设分为三步:第一步,2018 年前发射第一颗技术验证星,实现单星关键技术验证;第二步,2020 年前发射 4 颗业务实验星,组建一个小星座,让用户进行初步业务体验;第三步,2025 年实现 156 颗卫星组网运行,完成业务星座构建。

2018 年 12 月 22 日,"虹云工程"首颗技术验证卫星成功发射升空(我国第一颗低轨宽带通信技术验证卫星),标志着我国低轨宽带通信卫星系统建设实现零的突破,我国打造天基互联网也迈出了实质性的第一步。技术验证卫星入轨后,先后完成了不同天气条件、不同业务场景等多种工况下的全部功能与性能测试,成功实现了网页浏览、微信发送、视频聊天、高清视频点播等典型互联网业务,无丢帧卡滞现象,在轨实测的所有功能与指标均满足要求。

3. 中国电科集团"天象"

天地一体化信息网络项目由天基骨干网、天基接入网和地基节点网组成,并与地面互联网和移动通信网互联互通,可实现全球覆盖、随遇接入。

天地一体化信息网络项目由中国电科集团牵头,是科技部"科技创新2030"重大项目之一,项目的天基骨干网由GEO轨道的6个节点联网而成,天基接入网则以低轨节点为主,地基节点网由多个地面互联的地基节点(关口站及信息港)组成。该项目低轨接入网主要采用星座部署、空间组网的方式,规划60颗综合星和60颗宽带星,采用星间链路和星间路由技术,实现极少数地面关口站支持下的全球无缝窄带和宽带机动服务。此外,卫星通过搭载载荷可实现航空/航海监视、频谱监测、导航增强以及广域物联网服务等。

2019年6月5日,天地一体化信息网络重大项目"天象"试验1星、2星通过搭载发射,成功进入预定轨道。此次发射的2颗卫星由中国电科集团牵头研制,是我国首个基于Ka频段星间链路的双星组网小卫星系统,是我国首个实现传输组网(各种信息数据、语音、视频、图片的高质量实时传输)、星间测量、导航增强、对地遥感等功能的综合性低轨卫星,是未来低轨道星座系统建设的最简网络模型。卫星搭载了国内首个基于软件定义网络的天基路由器,在国内首次实现了基于低轨星间链路的组网传输,并在国内首次构建了基于软件重构功能的开放式验证平台。

9 深空通信

9.1 概念

以宇宙飞行体为对象的无线电通信称为宇宙无线电通信,一般分为近空通信和深空通信。近空通信指地球上的实体和地球卫星轨道上的飞行器之间的通信。深空通信是指地球上的通信实体与离开地球卫星轨道进入太阳系的航天器之间的通信,通信距离达几十万、甚至几十亿千米以上。

深空通信技术是深空探测的关键技术之一,负责传输指令、遥测遥控、跟踪导航、轨道控制等信息,以及传输科学数据、图文声像数据等任务,是发挥空间探测器应用效能的重要保证,也是整个深空探测任务成功的重要保证。

深空通信具有通信距离遥远,链路损耗大,接收信号微弱,接收信噪比低,信号传输时延长等特点,由此也面临信息传输距离远引起的路径损耗大,测控和通信断续,以及导航和定位要求高等问题。

9.2 基本原理

深空通信系统包括空间段和地面段。其中,空间段主要由航天器上的通信设备组成,包括飞行数据分系统、指令分系统、调制/解调分系统、射频分系统和天线等;地面段包括任务的计算和控制中心、到达深空通信站的传输线路、测控设备、深空通信收发设备和天线等。

深空通信主要包括指令分系统、跟踪分系统和遥测分系统。与这三大分系统相对应,深空通信要完成指令、跟踪和遥测三大基本功能。前二者负责从地球上对航天器进行引导和控制,后者负责传输通过航天器探测宇宙所获得的信息。

指令分系统将地面的控制信息发送到航天器,令其在规定的时间执行规定的动作。通常指令链路传送的是低速率、小容量数据,但对传输质量要求极高,以保证到达航天器的指令准确无误。

跟踪分系统要获取有关航天器的位置和速度、无线电传播介质及太阳系特性的信息,使地面能监视航天器的飞行轨迹并对其导航,同时提供射频载波和附加的参考信号,以支持遥测和指令功能。

遥测分系统接收从航天器发回地球的信息,包括科学数据、工程数据和图像数据。科学数据载有从航天器上仪器、仪表和系统状态的信息,这些数据容量中等但极有价值,要求准确传送。图像数据容量大,但信息冗余量较大,仅要求中等质量的传输。

9.3 关键技术

通信距离远增加了通信路径的损耗,如何弥补如此巨大的损失以达到通信和测控的目的是深空通信面临的难题之一。为了在极端不利的条件下实现正常通信,需要突破一系列关键技术。

为了解决深空通信中信号极大衰减的问题,早期深空通信采用了加大接收、发射天线的口径和增加发射功率的手段。当采用 70 m 口径天线时,相对于 10 m 天线可以获得近 17 dB 的增益。但是 70 m 天线重达 3 000 t,热变形和负载变形都很严重，对天线的加工精度和调整精度要求都很高。同时，现阶段某些频段还无法工作在 70 m 天线上，高频段的雨衰也非常严重。这使得通信链路稳定性和可靠性变差，甚至失效。天线组阵技术是实现天线高增益的有效手段，组阵天线性能良好，易于维护，成本较低，并具有很高的灵活性和良好的应用前景。组阵天线有两个显著优点：一是可以只使用一部分天线支持指定的航天器，剩下的天线面积可跟踪其他航天器；二是具有软失效特点，当单个天线发生故障时天线阵性能减弱，但并不失效。

调制是为了使发送信号特性与信道特性相匹配，调制方式的选择是由系统的信道特性决定的。与其他通信系统相比，深空通信中的功率受限问题更加突出。深空通信中通常采用具有恒包络或准恒包络的调制方式，针对深空通信的特点，国际空间数据系统咨询委员会（CCSDS）给出了可用于深空环境的恒包络或准恒包络调制方式，主要有 GMSK、FQPSK 和 SOQPSK 等。

深空通信系统设计最重要的问题之一是提高系统的功率利用效率。在深空通信中，由于通信距离的大幅增大，通信信号从深空探测器传回地面时衰减很大，地面系统很难对这种极为微弱的信号进行处理。纠错编码是一种有效提高功率利用效率的方法，在目前发射的所有深空探测器中,都无一例外地采用了有效的纠错编码方案。在深空通信的信道编码技术中,典型方案是以卷积码作为内码,里德-所罗门码作为外码的级联码。

受信道速率的限制,探测器一般无法将探测数据实时回传地球。探测器经过探测目标时,一般采用高速取样并存储,等离开目标后,再慢速传回地球。传输的速率越慢,整个数据发送回地球需要的时间就越长,从而限制了数据、图像的采集和存储。深空探测过程中的数据、图像非常珍贵,而探测器上存储器的容量受限,因此采用存储的方法并没有从根本上解决问题。采用高效的信源压缩技术,可以减少需要传输的数据量,在相同的传输能力下,能够将更多的数据传回地球,缓解对数据通信的压力。

10 卫星互联网

卫星通信能够突破地理位置限制,为偏远地区的人类提供通信服务,因此如果可以解决传统卫星通信信号弱、通信时延长的问题,卫星互联网将可以弥补地面 5G 网络通信的短板,能够在极地、沙漠、偏远地区、海洋、航空等场景下提供互联网通信服务,因此随着技术的发展,低地球轨道逐渐成为焦点。

卫星互联网随着低轨道星座的建设而发展迅速，低轨卫星互联网凭借其轨道低的优势能够实现通信时延低、损耗小，随着卫星数量进一步提升，星座组网后能够具备覆盖范围更广、通信容量更大的特点，因此低轨卫星互联网将有可能弥补地面移动通信的短板，突破地理阻隔让更多人享受互联网服务。随着科技的发展，低轨卫星互联网能够在时延要求高的领域发挥重要作用，例如金融、AR、远程医疗以及无人驾驶等，为实现万物互联的美好愿景奠定基础。

10.1 低轨卫星星座

卫星的地面覆盖区域是指能以最小预设仰角看到卫星的地球区域。过顶是指卫星在当地地平线上方并且可与特定地面位置进行无线电通信的期间。低轨卫星由于高度低，因此在空中的位置并不固定，而是围绕地球相对快速移动，每次过顶持续几分钟。因此空间段需要部署密集的卫星网络以保证任何地面终端总能被至少一颗卫星覆盖。在地面段，一个或少数专用地面站负责卫星星座的主要控制和管理。

低轨卫星星座由数百颗在低轨运行的小卫星构成，这些小卫星作为一个通信网络共同运行。

一个星座中的卫星通常位于具有特定高度和倾角的多个轨道平面上。小卫星是指低成本、小尺寸和重量低于 500 kg 的小型化卫星。卫星性能和质量之间有着密切联系,高吞吐量增强移动宽带或一般用途的空间任务通常需要 100 kg 以上的小卫星。

低地球轨道高度一般在 2 000 km 以下,其具备以下优势:一是将卫星发射送入低轨道所需的能量较少,且由于轨道高度低,地面终端信号上行和卫星信号下行的功耗也更低,能够节约成本;二是由于轨道高度低,通信时延也较低,以 550 km 轨道高度为例,上行下行一个来回用时仅 7~8 ms,远低于地球静止轨道卫星的通信时延;三是小卫星在低地球轨道上部署更具优势,小卫星生产速度快,且发射容易,组网能力强,因此不仅其通信容量大,且弹性能力更强。

低轨道卫星也存在劣势,由于低轨道卫星运行速度快、瞬时视场小,单颗卫星每一时刻覆盖的区域小,需要建设一个"星座"才能实现连续、全球覆盖,技术难度较大;而且为实现信号最好,当卫星数量较少时,地面天线需要更加频繁地转动来对准卫星,当卫星数量提升后,地面终端又会面临不断切换卫星接收信号的问题;另外,由于卫星相对于地面快速移动,造成地面终端和卫星之间产生强烈多普勒效应。

为避免频繁重新部署,小卫星的活跃寿命期必须达 5 年以上。因此,小卫星通常装有利用太阳光产生电能的光伏太阳能板,并且可在任务期内保持电池充电,电池随后可在日食时使用。太阳光直接照射卫星的时段(此时可采集太阳能)由其轨道周期(距地球表面 1 000 km 的轨道大约为 100 min)以及轨道倾角共同决定。因此,太阳能的可用性仅取决于卫星和地球相对于太阳的位置。利用这种可预测性,能使卫星以最高性能运行并实现能量平衡。

在通信技术方面,自由空间光通信和传统射频通信均可用于星间和星地链路。自由空间光链路波束极窄,传输距离远。虽然极易受大气效应和指向误差影响,但自由空间光链路可提供高传输速率,并且产生的干扰较少。自由空间光在星地通信中的应用已在众多科学任务中得到证明,有些规划的商业低轨星座可采用激光通信设备实现高吞吐量自由空间光星间链路。

10.2 低轨星座与 5G

5G 的推动力之一是实现真正泛在覆盖,第三代合作伙伴计划(3GPP)研究了一些非地面网络项目,定义卫星通信在未来的作用,目标是保证在 Release 17 时间框架中制定一个端到端标准，对当前卫星运营商混合使用专有和基于标准的技术的情况加以规范。一些专门针对非地面网络物联网的研究为引入针对卫星的窄带物联网和 eMTC 支持铺平道路。

3GPP 工作包括 MEO 和 GEO 的传统卫星网络，也包括低轨星座。卫星网络用例分为以下三类：①服务连续性：对之前已获准接入 5G 服务的移动地面终端（例如地面车辆、船只和机载平台）的持续覆盖；②服务泛在性：无地面覆盖区域的 5G 接入，包括地面覆盖被自然灾害（例如地震或洪水）破坏的区域；③服务可扩展性：大规模多播（下行链路）或物联网（上行链路）应用中对地面基础设施的支持（例如超高清电视和超密集物联网部署）。

低轨星座支持以上三类用例，低轨星座的使用尤其有助于支持延迟敏感性服务。低轨系统的用户和控制平面延迟被合理地重新定义为 50 ms 往返时间。

低轨星座一个引人关注的应用是用作固定或移动蜂窝基站（gNB）的回传。其主要优势在于地面网络覆盖受地理或经济因素影响的地区可通过卫星星座实现连接。

如图 21 所示展示了卫星通信与 5G 和后 5G 网络集成的架构。该架构包含：①卫星（可以是不同大小，处于不同轨道），充当空间中的

5G gNB；②地面终端，可以是终端用户节点（用户设备或物联网设备）、gNB、地面网关或专用基站。用户设备到星座的连接方式有两种。一种是用户设备通过地面网关（即一个中继节点）进行通信，星座用于回传。这种方式的最大优势在于，不需要改变已部署好的地面终端。另一种是地面终端直接与卫星通信（例如卫星电话或直接卫星物联网传输）。这种方式面临的主要挑战是地面终端的能力受限。

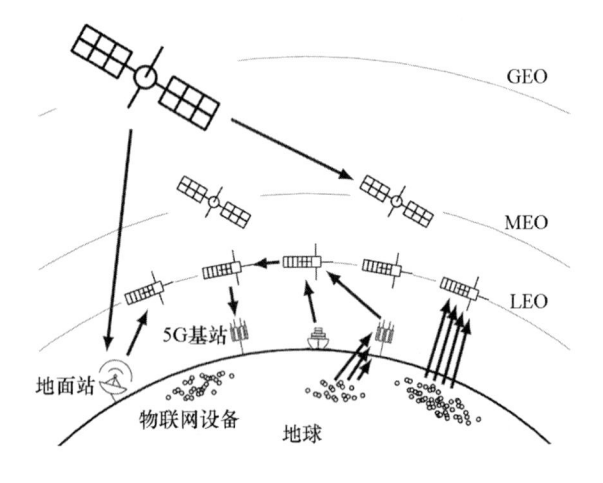

图21 卫星星座与 5G 和后 5G 网络集成的基本架构要素

卫星星座负责将采集到的数据发送到目的地，目的地可以是地面基站、网关、用户设备甚至是具有高计算和通信能力的大卫星。卫星段由一个或几个能力较强的地面基站支持。这些地面基站负责卫星的指挥和控制,也能从卫星下载数据到地面。一颗卫星可以同时与不止一个地面站进行通信。结合了不同轨道的混合架构预期会在未来网络中扮演重要角色,这与向异构蜂窝网络演进类似。轨道和卫星选择的多样性能够很好地相互补充。这样,地面终端和低轨卫星之间的短传输时间可以与 GEO 卫星的广覆盖以及强大的通信和计算能力相结合。因此,混合轨道部署极大增加了网络的灵活性,增强了其保证多种不同应用需求的能力。

10.3 通信链路

卫星通信中的物理链路主要分为星地链路(GSL)和星间链路(ISL)。"地"指位于地球上的任何收发信机,可以是地面站、用户设备或网关。星地链路的可用性由卫星过顶时间决定。由于低轨卫星的过顶时间短,地面终端需频繁进行卫星切换以保持信号连接。此外,低轨卫星速度快,多普勒频移可达几百千赫兹,这对星地链路来说是一个重大挑战。

星间链路分为轨道面内链路和轨道面间链路,其中轨道面内链路用于同一轨道平面内通信,轨道面间链路则用于两个不同轨道平面间的通信。由于相邻卫星之间的距离随时间推移通常固定不变,因此轨道面内星间链路通常更加稳定。而两个不同轨道平面中卫星之间的距离快速变化,实现轨道面间链路的稳定更具挑战性,这极大限制了某一特定轨道面间链路的可维持时间(轨道面间联络时间)。另外,轨道面间链路的实现需要频繁切换,涉及相邻卫星发现、相邻卫星选择(匹配)和连接建立(发送信号)。联络时间或链路机会是指一对卫星处于通信范围内的时间。联络时间受较多参数影响,比如星座几何布局、天线指向和增益,以及传输功率等。另外,轨道面间星间链路的多普勒频移也会比较大,这取决于拓扑结构。

逻辑链路是一条从源发射机到终端接收机的路径。因此,数据会穿过许多不同物理连接,而两个端点对此可能并不知晓。使用低轨星座时,有卫星和地面两类不同端点,从而定义了以下四条逻辑链路:

一是地面到地面(G2G)。这是网络的一种典型使用方式,例如用于在地表两个远距离端点之间中继信息。

二是地面到卫星(G2S)。例如用于由地面站发起的维护和控制操作。

三是卫星到地面(S2G)。例如地球观测,任务中卫星收集来自多个节点的信息然后下传到地面。

四是卫星到卫星（S2S）。这与卫星的控制应用相关，例如在空间段采用蜂群智能或其他自主运行。

这四种逻辑链路都利用了两类物理链路（星地链路和星间链路）中的一种或多种。

逻辑和物理链路的使用与最终应用密切相关。在低轨星座中，一个典型应用就是使用星座作为多跳中继网络以增加乡村或偏远地区物联网部署的覆盖，这些地区不在蜂窝和其他中继网络覆盖范围内。在这类情境中，物联网设备被周期性唤醒来发送状态更新。可用卫星接收这一更新信息并在星座内进行转发，直到抵达距离目标地面终端最近的卫星。这种端到端应用使用了地面到地面逻辑链路，而利用多跳来抵达目的地的方式对延迟和时间要求提出了挑战。另一个例子是将星座用于地球和/或空间观测，二者都是卫星网络原生应用。卫星装备有照相机和传感器，卫星到卫星链路可能用于卫星间协作，例如当第一颗卫星探测到异常事件时将照相机指向特定位置。地面到卫星链路用于检索地面信息。

10.4 关键技术

为了适用于空间并支持三大5G用例，地面

网络中的常见技术需要做出重要修改。

1. 物理层

在低轨中，卫星以相对于地面终端较高的速度移动，需要精确的多普勒补偿和较大的子载波间隔。一种方式是使用广义频分复用（GFDM），以较高均衡复杂度为代价实现对多普勒频移的更高鲁棒性。NR 支持正交幅度调制（QAM）模式。在 QAM 中，卫星通信通常使用更加鲁棒的版本，即二进制相移键控（BPSK）和正交相移键控（QPSK），尽管幅度相移键控（APSK）才是低轨商业任务中的首选技术。APSK 在空间中的主要优势是其峰值与平均功率比较低，这样在使用具有非线性特征的功率放大器时很适用。地面 gNB 调整调制和编码方案以适应当前信道条件，为此用户终端必须将信道质量信息传输到 gNB。在卫星系统中，雨衰、倾斜轨道卫星运行、天线指向误差、噪声和干扰都会影响卫星链路条件，而这些都可通过合适的自适应编码和制（ACM）解决。然而，ACM 可能遇到的挑战是：由于卫星到地面存在较大延迟以及低轨卫星相对移动速度较快，终端所提供的信息可能过时。在多用户场景中，波束形成能够基于用户位置实现用户多路复用，从而有可能提高频谱效率。这种技术称作空分多址（SDMA）。为实现精确SDMA，地面终端之间必须具有特定的最小间隔距离。在分布式波束形成中，数颗卫星构成一个大型天线阵列，其中天线间距几千米，从而能够在地面终端间距小得多的情况下实现SDMA，但需要密切协调。

2. 无线接入

由于节点数量众多以及用户设备数量和业务类型无法提前知晓，星地链路中的无线接入基本上是随机接入。两类主要随机接入协议为：基于授权（grant-based）和免授权（grant-free）。grant-based随机接入是5G的必经解决方案。然而，其过多的信令开销、有限的资源以及协议握手中较大的双向延迟，都严重限制了物联网应用的可扩展性。grant-free随机接入更适用于物联网代表性的短数据包和非频繁数据包传输。然而，端点之间较远的距离和星形拓扑结构导致无法使用传统信道感知协议。非正交媒体访问（NOMA）技术可能更适合。在轨道面内星间链路中，不用改变发射机和接收机，因为相对位置和距离是保持不变的。因此，固定接入方案，如频分多址（FDMA）或码分多址（CDMA），是简单且有吸引力的解决方案。采用FDMA时，必须对可减小轨道内干扰的频率重用进行适当设计，代价是会产生更高的带宽需求。另外，可以采用 NOMA 来克服 CDMA 带来的挑战（如同步或远近效应）。在密集低轨星座中，有时会有多颗卫星同时想要与某颗特定卫星建立轨道面间连接。轨道面间星间链路可视作一个网状网络。与地面移动自组网不同，如果各个节点可以获知轨道信息，那么相邻卫星的位置就是可以预测的。对于那些能实现与尽可能多的其他卫星进行直接、动态和不分层级的连接并相互协作的网状网协议，可以进行适当修改，使其适用于空间系统。必须对这些协议进行优化以应对卫星星座中的特定条件，例如卫星在不同轨道平面中的相对速度，在一些情境下可能会很高。如图 22 所示总结了星地链路、轨道面内和轨道面间星间链路中的无线接入条件。

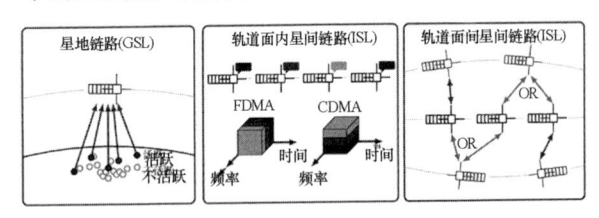

图 22　GSL、轨道面内和轨道面间 ISL 无线接入

一个一般用途的卫星星座必须支持增强移动宽带（eMBB）、海量机器类通信（mMTC）和超高可靠低时延通信（URLLC）服务的异构性。另外，通过星座传输的用户、控制和遥测遥控

(TMTC)业务,特征和需求大不一样。例如,控制和TMTC数据比用户数据呈现出更严格的可靠性和延迟要求,可以单播、多播或广播。另一方面,物联网用户数据通常是单播并具有容延迟特性。网络切片是支持异构服务的关键5G特征,它确保分配给每项服务的资源都可提供性能保证并实现与其他服务的分离。在无线接入网中,传统的切片方式是以降低网络效率为代价来分配正交无线资源。各种特征和需求差异极大的服务和数据业务在时间、频率和空间上的复用带来了重大挑战,在数据链路和媒体访问层需要采用基于优先级的机制来保证数据包的有效传输。

3. 先进处理

缓存是在峰值流量时段平稳网络流量以及通过将内容向终端用户拉近来降低延迟的有效方式。缓存由缓存决策和缓存替换策略两部分构成。缓存决策是指在考虑缓存大小有限的情况下选择要缓存的内容。而当新内容的大小超过缓存中剩余自由空间时就需要用到缓存替换策略。最好删除未来最不可能用到的项目。但上述情况通常无法提前知晓,因此会根据内容的使用预期来对其进行替换。低轨网络在边缘附近的内容缓存中具有重要作用。在GEO卫星-地面网络中,通常只有地面站具有缓存能力。随着低轨星座的引入，将缓存能力加入空间段开启了一个全新维度，低轨层及其广泛覆盖的优势可用于缓存以及像最受欢迎内容的有效多播之类的业务。由于微系统和微电子器件的成功，以及在不干扰其功能性情况下使卫星网络持续演进的可能性，使得分布式处理架构成为一项有前景的研究课题。采用联邦卫星架构，卫星网络能够利用一些以往会浪费的资源（如下行链路带宽、存储、处理能力和仪表时间）。联邦学习技术和移动边缘计算的结合是极大扩展低轨网络计算能力的一种有前景的解决方案。联邦学习是机器学习的一种衍生形式，其中边缘节点基于本地存储数据为全局模型做出贡献，而无须将其数据发送到某一中心实体。因此，当全局模型由卫星提供时，联邦学习可发生在设备终端中，而当数据由设备终端提供或元数据由卫星采集时（但这些数据不再进一步传输），联邦学习也可在卫星自身中进行。

4. 移动性管理与网络层

移动性管理负责在发射机和/或接收机移动时保证服务连续性。与地面网络不同，卫星星座中的切换需求主要由空间段的快速移动决定，而地面终端的速度可以忽略。由于卫星移动具有可预测性，可以提前规划下一颗服务卫星的选择。针对这一选择，可以用到许多标准，例如服务时间最大化、自由信道数量最大化或距离最小化。星间链路对于在低轨星座中实现切换至关重要。

拓扑控制和自组织在密集星座中极为重要，特别是星上智能和决策能力可确保任务目标的完成和网络性能的优化。控制自动化对于减少遥控遥测（TMTC）业务很有必要，而 TMTC 业务是实现星座可扩展性的瓶颈之一。仅仅通过少数专用地面基站对大量卫星进行管理可能是低效或不可行的。如果空间段对地面的依赖减少，则可将地面基站能力用于控制业务。如同在蜂窝网络中一样，自组织网络的引入对于自动化配置和优化以及尽可能减少与地面人工控制的交互很重要。

低轨星座中的中继旨在通过既能直接从来源向目的地传输，也能向一个或多个邻居卫星传输来利用空间和接口的多样性。中继的"候选者"可以位于低轨、更高轨道或地面，且彼此之间必须进行有效协调。根据中继"候选者"，可以使用不同接口和物理链路。

另一方面，随着地面终端和/或卫星的移动，必须对低轨星座内的路由决策进行动态重配置。在集中式路由中，由一个中心实体创建路由表并沿星座中的卫星进行分发。而在分布式路由中，每颗卫星仅根据预先设定的距离标准进行简单路由决策（例如数跳距离之内），将数据包传送到距离目的地更近的位置。这里采用机会式基于地理的路由比较有优势，尤其是与网络编码方案相结合时。机器学习技术也可用于识别和利用星座几何布局中的重复性模式并尽可能减少路由计算。路由的另一个重要方面是确定目的地（可以是单一节点或多个节点）的寻址方法。低轨星座中可以有单播、广播、多播、任播或地域播。单播指网络中一点到另一点的一对一传输，二者都通过网络地址来标识。广播旨在送达范围内所有可能接收者，是一种一对多的关系。多播使用一对多或多对多关系，与广播的不同之处在于，仅对可访问节点的一个子集进行寻址。任播也是一对一关系，但数据包是被路由到一组潜在接收方（所有接收方都由相同的目的地地址标识）中的任意单一成员，通常会根据某种距离标准选择最近的节点。地域播是指将信息传输到由其地理位置标识的网络中的一组目的地。

11 量子卫星通信

量子卫星通信就是通过卫星连接地面光纤量子通信网络，形成天地一体化的量子通信网络，它具有保密性强、量子传态等特点。其通信过程是量子信号从地面上发射并穿透大气层，卫星接收到量子信号并按需要将其转发到另一特定卫星，量子信号从该特定卫星上再次穿透大气层到达地球某个角落的指定接收地点。

2016年8月16日，我国在酒泉卫星发射中心用"长征二号"丁运载火箭成功将世界首颗量子科学实验卫星"墨子号"发射升空，成功入轨运行。这使得我国成为世界上首个实现太空和地面之间量子通信的国家，同时也建成了我国天地一体化的量子保密通信与科学实验体系。"墨子号"量子科学实验卫星专项的主要科学目标为：进行星地高速量子密钥分发实验，并在此基础上进行广域量子密钥网络实验，以期在空间量子通信实用化方面取得重大突破；在空间尺度进行量子纠缠分发和量子隐形传态实验，开展空间尺度量子力学完备性检验的实验研究。

2017年8月12日，"墨子号"在国际上首次成功实现千公里级的星地双向量子通信。2018年1月，在中国和奥地利之间首次实现距离达7 600 km的洲际量子密钥分发，并利用共享密钥实现加密数据传输和视频通信。该成果标志着"墨子号"已具备实现洲际量子保密通信的能力。

2020年6月15日，中国科学院宣布，"墨子号"量子科学实验卫星在国际上首次实现千公里级基于纠缠的量子密钥分发（图23）。2021年1月7日，中国科研团队成功实现了跨越

4 600 km 的星地量子密钥分发，此举标志着我国成功构建出天地一体化广域量子通信网络，为未来实现覆盖全球的量子保密通信网络奠定了科学与技术基础。

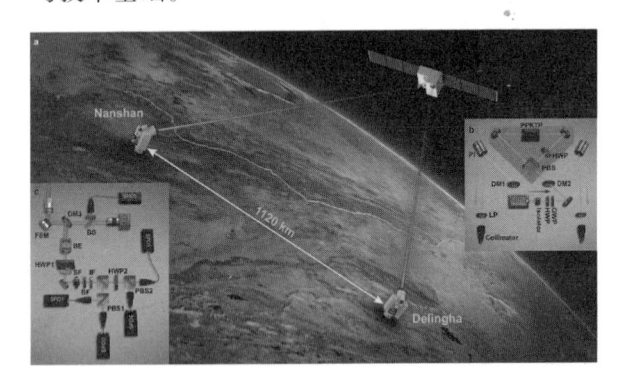

图 23 基于纠缠的量子密钥分发

由于量子保密通信绝对安全性，量子通信不仅应用于百姓日常通信，也可用于水、电、煤气等能源供给和民生网络基础设施的通信保障，还可应用于国防、金融、商业等领域，势必对产业界和科技界产生巨大变革。

测试题

1 卫星通信概述

1. 由于电磁波是沿直线传播的，对于单跳的微波中继通信，提高通信距离的有效方法是增加中继站的_____。

2. 卫星通信是利用人造地球卫星作为_____转发或反射无线电信号，在地球站之间或地球站与航天器之间的通信。

3. 常见的卫星通信业务包括：卫星固定业务、卫星移动业务、_____和卫星星间业务。

4. _____是在移动地球站和一颗或多颗卫星之间，或是利用一颗或多颗卫星在移动地球站之间开展的通信业务。

2 卫星通信频段

1. 卫星通信常用的频段是 C 频段、Ku 频段和_____频段。

2. 卫星通信中，_____频率低，天线口径较大，适用于对通信质量有严格要求的业务。

3. Ku 频段频率高，天线口径较小，便于安装，适用于动中通、静中通等_____应急通信业务。

3　卫星通信链路

1. 卫星通信中，一条传输链路包括发端地球站、_____、卫星转发器、_____、收端地球站。
2. 链路_____方程是进行卫星设计和性能评估所依据的基本方程。
3. _____是电磁波在大气层中传输时，受到_____自由电子和离子的吸收，以及_____中氧气、水蒸气、雨和雪等的吸收和散射，从而形成的损耗。

4　大气效应影响

1. 电离层处于高层大气区域，其中存在相当多的自由电子和离子，能使电磁波改变_____，发生_____、反射和散射，造成极化面的旋转，并受到不同程度的吸收。
2. 当大气效应的影响出现在通信链路中时，会导致传输信号的_____和接收噪声的_____。
3. 总体上看，大气吸收损耗随频率的增大而加大，但在 30 GHz 处有一个最低的谷点，它的附近正是_____频段的"无线电窗口"。

4. 降雨引起的电波传播损耗称为_____，其对 Ku 频段及以上频段的影响不容忽视。

5. 电磁波在大气层中的传播路径出现弯曲，因此，地球站无线波束对准的是在目标卫星实际位置_____的一个虚的卫星位置。

5 卫星通信体制

1. 目前卫星通信中常用的信道编码方式有卷积码、RS 码、卷积 + RS 级联码、_____、_____等。

2. 卫星通信系统中普遍应用数字调制，数字调制主要有幅移键控（ASK）、_____和_____三种基本方式。

3. _____把时间分割成周期性的帧，每一帧分割成若干时隙，然后给每个用户分配唯一的_____，以便信号按顺序通过转发器。

4. _____给每个用户分配一个独特的码序列，地面接收端在接收到信号后需要通过_____的方法将用户信号分离出来。

5. 卫星通信系统中带宽的基本分配方式包括_____、按需分配、自由分配和_____等。

6　卫星通信网络

1. 通过_____，可将每个宽带信道划分为多个子信道，任意连续相邻子信道可合并使用，所有的子信道具有路由选择功能。

2. 卫星组网应用中，_____、环形拓扑、_____是最常用到的基本卫星网络拓扑结构。

3. 卫星星座组网有两种不同的基本方法。一是基于_____的组网方式，二是基于_____的组网方式。

7　通信卫星轨道

1. _____卫星的轨道位于地球赤道平面，距地面高度为 35786 km，运行周期为 24 h，与地球自转速度相同。

2. 选用_____作为通信卫星运行轨道，可减少通信链路的损耗，减小通信时延，简化卫星和用户终端的设计。

3. 与 MEO 卫星通信系统相比，_____卫星具有路径衰耗小、传输时延短、研制周期短、发射成本低等优点，在卫星移动通信中起着重要作用。

8 卫星星座设计

1. 一个卫星通信系统通常由若干颗通信卫星组成,构成通信_____。

2. 通过星座设计达到通信系统的_____、_____和降低系统成本等工程目标。

3. 具有一定规模的卫星星座,需要多次发射建设完成,同一轨道面的卫星数多,可采用_____的方式降低发射成本。

9 通信卫星覆盖

1. 卫星通信系统中,常见的天线波束类型包括全球波束、半球波束、_____和_____。

2. 区域波束又称赋形波束,是通过控制_____的排列来获得各种不同形状的。

3. 点波束的波束截面为_____,照射范围很小,在地球上的覆盖区也近似圆形。

10　星间通信

1. 星间通信是指卫星之间的通信，包括_____内卫星之间的通信和_____卫星之间的通信。

2. 星间通信能够缩短通信距离，减少_____，提高通信质量，提高系统的_____和机动性，具有_____和防截听等优点。

3. 通常采用_____、_____和_____三个参数来描述星间链路的特性。

11　卫星通信系统组成

1. 卫星通信系统通常由_____，_____，跟踪、遥测及指令分系统和监控管理分系统四部分组成。

2. 空间分系统是指通信卫星，主要由_____，_____，跟踪、遥测及指令分系统、控制分系统、电源分系统和温控分系统六部分组成。

3. _____负责对通信卫星和地球站在业务开通前进行各项通信参数的测定，以及在业务开通后对通信卫星和地球站的各项通信参数进行监控和管理,以保证正常通信。

12 空间分系统

1. 通信卫星的_____包括天线和通信转发器。
2. 通信卫星天线按极化特性可分为线极化天线、_____。
3. 卡塞格伦天线由_____、副反射面和_____三部分组成。
4. 描述天线的方向性能的参量包括_____、波瓣宽度、_____等。
5. 如果接收天线和发射天线的极化_____,将影响接收效果。

13 通信地球站

1. 根据通信地球站是否可以移动,地球站分为_____地球站、_____地球站以及可搬动地球站。
2. 通信地球站选址应_____市区,避免高大障碍物遮挡和电波干扰。

14　跟踪、遥测及指令分系统

1. 地球站伺服系统驱动天线,调整卫星相对于地球站的方位角、俯仰角,使得地球站天线_____实时对准卫星。
2. 通过传感器测量卫星内部各分系统、卫星的姿态、外部空间环境和有效载荷的工作状况,并将这些参数经_____传到地面站。
3. _____和_____两种技术综合起来构成保证卫星正常运行,增强可靠性,延长寿命的重要闭环手段。

15　美国卫星通信系统

1. 宽带通信系统强调_____,窄带通信系统为语音等低速通信和_____提供服务,而受保护卫星通信系统强调_____能力。
2. _____是美军重要的全球宽带卫星通信系统。
3. _____系统是世界首个投入使用的大型 LEO 通信卫星系统。
4. _____是美国 SpaceX 公司的低轨宽带

通信卫星系统计划，为全球范围内用户提供天基互联网服务。

5. 美国卫讯公司发射的_____卫星 ViaSat-2 通信容量达到 300 Gbit/s。

16　俄罗斯卫星通信系统

1. 大椭圆轨道_____系列卫星主要用于执行战略通信任务。

2. _____系列卫星是高性能 GEO 通信卫星，可提供电话和视频会议以及互联网宽带接入等服务。

3. 2018 年 5 月，俄罗斯国家航天集团在官网公布其覆盖全球的_____通信星座计划，该星座由 288 颗 LEO 卫星组成，可面向全球用户特别是偏远地区用户提供话音和互联网接入服务。

17　欧盟及其他国家卫星通信系统

1. 欧盟基于卫星通信的网络基础架构建立_____系统，集成有线语音、无线语音、宽带卫星、数据网络、视频等多个系统，相关救援人员可以快速取得联系,对事故现场进行精准定位和快速救援处置。

2. 2008 年底,欧洲航天局在其_____中应用激光通信终端,成为世界上首个商业化运营的高速率卫星激光通信系统。

3. 欧盟推进卫星通信和 5G _____,积极推动卫星业界参与 5G 标准制定与协同发展。

18　中国卫星通信系统

1. 1970 年 4 月 24 日,我国成功发射了第一颗人造地球卫星_____。

2. 1984 年 4 月 8 日,中国第一颗静止轨道实验通信卫星_____发射成功,使中国成为世界上第五个自行发射地球静止轨道通信卫星的国家。

3. 数据中继卫星一般是利用与地球同步的中继卫星在中低轨飞行器和地面站之间建立一条全天候、实时的高速通信链路,我国_____中继卫星系统于 2003 年立项建设。

4. "北斗三号"系统提供的区域短报文通信服务单次通信能力_____汉字,全球短报文通信服务单次通信能力_____汉字。

5. 2020 年 4 月 20 日,_____列为国家发

改委"新基建"信息基础设施。

19　深空通信

1. 深空通信是指地球上的通信实体与离开地球卫星轨道进入太阳系的_____之间的通信,通信距离达几十万、甚至几十亿千米以上。

2. 为了解决深空通信中信号极大衰减的问题,早期深空通信采用了加大接收、发射天线的_____和增加_____的手段。

3. 受信道速率的限制,探测器一般无法将探测数据_____回传地球。

20　卫星互联网

1. _____随着低轨道星座的建设而发展迅速,可以弥补地面5G网络通信的短板,能够在极地、沙漠、偏远地区、海洋、航空等场景下提供互联网通信服务。

2. 低地球轨道高度一般在_____km以下,通信时延较低。

3. 低轨卫星速度快,_____可达几百千赫兹,对星地链路是一个重大挑战。

4. 由于节点数量众多以及用户设备数量和业务类型无法提前知晓,星地链路中的无线接入基本上是_____。

5. 随着地面终端和或卫星的移动,必须对低轨星座内的_____进行动态重配置。

21　量子卫星通信

1. 2016 年 8 月 16 日,我国在酒泉卫星发射中心用"长征二号"丁运载火箭成功将世界首颗量子科学实验卫星_____发射升空,成功入轨运行。

2. "墨子号"量子科学实验卫星在国际上首次实现千公里级的星地双向量子通信和千公里级基于纠缠的_____。

参 考 答 案

1. **卫星通信概述**
   1. 架设高度 2. 中继站 3. 卫星广播业务
   4. 卫星移动业务
2. **卫星通信频段**
   1. Ka 2. C 频段 3. 移动
3. **卫星通信链路**
   1. 上行链路；下行链路 2. 功率预算
   3. 大气损耗；电离层；对流层
4. **大气效应影响**
   1. 传播速度；折射 2. 衰减；增加 3. Ka
   4. 雨衰 5. 上方
5. **卫星通信体制**
   1. Turbo 码；LDPC 码 2. 相移键控（PSK）；频移键控（FSK） 3. TDMA；时隙
   4. CDMA；相关 5. 固定分配；随机分配
6. **卫星通信网络**
   1. 数字信道化器交换 2. 星形拓扑；网状拓扑 3. 地面；空间

7 **通信卫星轨道**

1. GEO 2. LEO 3. 低轨

8 **卫星星座设计**

1. 卫星星座 2. 高覆盖率;高可用度
3. 一箭多星

9 **通信卫星覆盖**

1. 区域波束;点波束 2. 馈源 3. 圆形

10 **星间通信**

1. 同一轨道面;不同轨道面 2. 时间延迟;抗毁性;抗干扰 3. 仰角;方位角;星间距离

11 **卫星通信系统组成**

1. 空间分系统;通信地球站 2. 通信分系统;天线分系统 3. 监控管理分系统

12 **空间分系统**

1. 有效载荷 2. 圆极化天线
3. 主反射面;馈源 4. 方向图;天线增益
5. 不匹配

13 **通信地球站**

1. 固定;移动 2. 远离

14 **跟踪、遥测及指令分系统**

1. 主波束 2. 下行链路
3. 遥测;遥控指令

15 **美国卫星通信系统**

1. 通信容量;移动用户;保密和抗干扰

2. WGS　3. "铱星"　4. Starlink

5. 高通量

16　**俄罗斯卫星通信系统**

1. "闪电"　2. "钟鸣"　3. 低轨

17　**欧盟及其他国家卫星通信系统**

1. "e‑Risk"　2. "欧洲数据中继系统"

3. 星地融合

18　**中国卫星通信系统**

1. "东方红一号"　2. "东方红二号"

3. 天链　4. 1 000；40　5. 卫星互联网

19　**深空通信**

1. 航天器　2. 口径；发射功率　3. 实时

20　**卫星互联网**

1. 卫星互联网　2. 2 000　3. 多普勒频移

4. 随机接入　5. 路由决策

21　**量子卫星通信**

1. "墨子号"　2. 量子密钥分发

参考文献

[1] 张宏太,王敏,崔万照. 卫星通信技术[M]. 北京:北京理工大学出版社,2018.

[2] 朱立东,吴廷勇,卓永宁. 卫星通信导论[M]. 北京:电子工业出版社,2015.

[3] 李晖,王萍,陈敏. 卫星通信与卫星网络[M]. 西安:西安电子科技大学出版社,2018.

[4] 闵士权. 卫星通信系统工程设计与应用[M]. 北京:电子工业出版社,2015.

[5] 朱立东,李成杰,张勇,等. 卫星通信系统及应用[M]. 北京:科学出版社,2020.

[6] 王桁,郭道省. 卫星通信基础[M]. 北京:国防工业出版社,2021.

[7] 赵志勇,毛忠阳,刘锡国,等. 军事卫星通信与侦察[M]. 北京:电子工业出

版社,2013.

[8] 徐雷,尤启迪,石云,等. 卫星通信技术与系统[M]. 哈尔滨:哈尔滨工业大学出版社,2019.

[9] 杰夫·瓦拉尔. 5G与卫星通信融合之道[M]. 何英,译. 北京:国防工业出版社,2022.

[10] 续欣,刘爱军,汤凯,等. 卫星通信网络[M]. 北京:电子工业出版社,2018.

[11] 袁俊刚,韩慧鹏. 高通量卫星通信技术[M]. 北京:北京邮电大学出版社,2021.